KB126923

# 가르쳐 주세요!

요하니에게 바침.
또 안디와 로타, 카를리네와 에밀, 프란츠에게도.
*—카타리나 폰 데어 가텐*

KLÄR MICH AUF! 101 echte Kinderfragen rund um ein aufregendes Thema
by Katharina von der Gathen, illustrations by Anke Kuhl
Copyright © 2014 by Klett Kinderbuch, Leipzig/ Germany
All rights reserved.

Korean Translation Copyright © 2016 by BIR Publishing Co., Ltd.
Korean translation edition is published by arrangement with Deutscher Taschenbuch Verlag GmbH & Co. KG through MOMO Agency, Seoul.

이 책의 한국어판 저작권은 모모 에이전시를 통해 Deutscher Taschenbuch Verlag GmbH & Co. KG와 독점 계약한 (주)비룡소에 있습니다.
저작권법에 의해 한국 내에서 보호를 받는 저작물이므로 무단 전재와 무단 복제를 금합니다.

성이 궁금한 사춘기 아이들이 던진 진짜 질문 99개

# 가르쳐 주세요!

카타리나 폰 데어 가텐 글 · 앙케 쿨 그림

전은경 옮김 / 윤가현 감수

## 성교육, 어디까지 솔직해야 할까 고민하는 부모님들께

이 책을 읽게 될 독자는 성에 대한 호기심이 가득 찬 10대 청소년들입니다. 그러나 책의 구입 여부는 부모님들과 어른들이 결정합니다. 제목을 보고, 내용을 훑어보고, 가격을 보고, 내용을 다시 훑어보고, 그러고 나서도 고민이 많아 쉽게 결정하지 못하는 부모님이 많을 것입니다.

우리 아이가 이 책을 읽고 과연 성을 건전하게 이해할 수 있을까? 나중에 이 책을 자녀에게 사 준 것을 후회하지는 않을까? 전통 사회에서 자라온 부모 세대라면 대부분 자녀에게 성에 대한 자극을 주지 않아야 최선이라고 생각하기에 이런저런 고민이 적지 않습니다.

이 책은 본래 독일에서 출간되었습니다. 저자는 초등학교에서 성교육을 하면서 수업 시간에 직접 질문하기 곤란한 내용들을 익명의 쪽지로 물어볼 수 있도록 했는데, 아이들이 궁금하지만 차마 묻지 못했던 질문을 모아 답변하고자 책으로 출간했습니다. 얼핏 훑어보아도 초등학생이 과연 저런 질문을 할 수 있을까 의아해할 만한 내용이 수두룩합니다.

저자는 학생들이 솔직하게 질문해 준 데 고마움을 표하면서 성실히 답했고, 삽화가는 아이들의 속마음을 어른들이 쑥스러울 정도로 숨김없이 그려 냈습니다. 이 책에 소개된 질문이나 삽화들은 모두 10대 초반의 청소년들이 실제로 궁금해하는 것들입니다.

이제는 부모가 선택해야 합니다. 그 선택에 도움이 될 만한 이야기를 간단히 정리해 보겠습니다.

독일은 1970년대부터 초등학생에게 교과 과정의 일부로 성교육을 실시해 오고 있으며, 1992년부터 성교육을 국가 차원의 의무 교육으로 강화했습니다. 물론 이러한 국가 방침에 학부모 모두가 찬성하지는 않았습니다. 일부 기독교 교도가 초등학생 자녀에게 성교육을 받지 않도록 했다가 처벌받기도 했습니다. 그러나 2011년에 독일 법원이 초등학생을 위한 적극적인 성교육은 정당

하다고 인정하면서 반대자들의 불평을 잠재워 버렸습니다.

독일의 적극적인 성교육의 성과는 이미 여러 조사나 연구를 통해 밝혀졌습니다. 우려보다도 긍정적인 결과들이 보고되고 있습니다. 서구의 다른 나라들과 비교할 때 독일이 10대 청소년들의 임신 및 출산율이 매우 낮은 나라라는 점을 주목할 만합니다.

우리 사회에서는 금세기에 들어와 성교육을 교과 과정의 일부로 받아들이기 시작했지만, 아직 의무 교육은 아닙니다. 그럼에도 불구하고 사춘기 자녀를 둔 부모에게 이 책을 추천하고 싶습니다.

저는 1980년대 초반 성폭력 연구를 시작한 이래로 성에 대한 연구와 교육을 34년 이상 해 오면서 독일의 성교육 효과를 충분히 공감하고 있습니다. 청소년의 성 문제가 성을 제대로 모를 때 더 심하게 나타나는 것도 연구를 통해서 확인했습니다. 또 성에 대해 호기심을 지닌 청소년이 혼자서 잘못된 정보를 습득하여 왜곡된 관점을 지니는 것보다 제대로 알게 해 주는 편이 훨씬 효과적이고 현명한 교육 방법이라는 사실도 확인했습니다.

흔히 성을 잘 모르는 사람이 성교육을 오해하기 쉽습니다. 성교육은 사람이 어떻게 살아가야 하는가를 알려 주는 인성 교육의 핵심입니다. 성을 더 많이 공부하고 제대로 알도록 해 주었을 때, 스스로를 조절할 줄 아는 능력이 생기며 타인의 입장을 생각하는 역

량도 커집니다. 결국 성교육은 다른 사람과의 인간관계에서 겪게 될 어려운 문제를 줄여 주는 교육인 셈입니다.

아이에게 가장 가까운 사람은 부모이므로 성교육의 효과를 가장 확실히 보장하는 방안은 부모가 적절히 개입하는 것입니다. 성에 대해 잘 알려 주는 책을 건네는 것도 적극적으로 개입하고 소통하는 방법에 해당됩니다. 부모와 소통을 잘하는 아이에게서는 성 문제가 거의 나타나지 않는다는 점도 알아 두셨으면 합니다.

부모가 이 책을 자녀에게 사 주었을 때 자녀는 부모를 어떻게 바라볼까요? 자녀는 아마 깜짝 놀라 흐뭇해하거나, 자랑스러워할 것입니다. 이런 책을 나에게 건네주는 부모님이라면 무엇이든 나와 잘 통할 거라고 신뢰할 수 있기 때문입니다. 당연히 자녀가 비뚤어진 길로 갈 가능성은 매우 낮아집니다. 부모와 자녀 사이의 대화가 더 자연스러워지면서 아이가 무슨 일이든지 더욱더 책임감 있게 행동하게 만들어 줄 것입니다.

이 솔직한 책을 아이에게 보여 주기 위해 선택하는 것은 쓴 고민이겠지만, 그 결과로 얻게 될 부모와 자녀의 장래는 달콤할 것입니다.

윤가현(성 심리학자, 전남대학교 심리학과 교수)

## 이 책에서는 과연 무엇을 가르쳐 줄 수 있을까요?

이 책은 여러 아이들이 던진 수많은 질문들을 다룹니다. 내게 질문을 보내 온 초등학생들은 나와 함께 몸과 사춘기, 사랑과 성에 대하여 알아보는 일에 꽤 오랫동안 몰두했습니다. 아이들은 이 주제에 관하여 더 궁금한 것이 있으면 쪽지에 써서 질문 상자에 살짝 던져 넣기도 했습니다. 자기 이름은 비밀로 하고서 말입니다. 나는 질문을 받기 시작하면서 아이들에게 어떤 질문이든 대답하겠다고 약속했습니다.

비밀 쪽지들 중에서 무척 중요한 질문들을 여기에 모았습니다. 화가 앙케 쿨이 질문 주제에 어울리는 삽화들을 흥미진진하고 재미있으며 사려 깊게 그려 냈습니다. 각각의 질문에 대한 내 대답은 질문 쪽지 뒷면에 실려 있습니다. 질문 쪽지들은 비밀 상자에서 그냥 뽑은 것입니다. 이와 마찬가지로 질문들을 체계적으로 분류해서 책에 싣지 않고 그냥 자유롭게 실었습니다. 이 책은 앞에서 뒤로 또는 뒤에서 앞으로 읽어도 되고, 아무 곳이나 펼쳐서 읽어도 됩니다. 책에 실린 차례를 보면 어떤 질문이 어디에 있는지 알 수 있답니다.

약 1년 동안 나에게 질문해 준 모든 어린이들에게 감사합니다! 아이들의 호기심과 신뢰, 솔직함이 없었더라면 이 책은 세상에 나오지 못했을 테니까요.

카타리나 폰 데어 가텐

## 이 책에 실려 있는 아이들의 질문 99개

1 몸은 왜 중요한가요?

2 음경은 모양이 여러 가지인가요?

3 여자아이들은 왜 질이 있어요?

4 음경은 얼마나 길어지나요?

5 여자들은 어릴 때도 음핵이 있어요?

6 자궁은 크기가 얼마나 되나요?

7 고추 뒤에 왜 주머니들이 달려 있어요?

8 질을 왜 조개라고 불러요?

9 남자는 정자를 몇 개나 만들어 내요?

10 정자는 크기가 얼마나 되나요?

11 몸에 털은 왜 나요?

12 호르몬이 뭐예요?

13 사춘기는 왜 와요? 또 왜 몇 년씩 계속 돼요?

14 사춘기는 왜 사춘기라고 불러요?

15 사춘기가 오지 않을 수도 있나요?

16 어른이 된다는 걸 어떻게 알 수 있어요?

36 '섹스'라는 말은 누가 처음 만들었어요?

37 처음으로 섹스를 한 사람은 누구예요?

38 동물들은 어떻게 섹스를 해요?

39 섹스할 때는 옷을 다 벗어야 해요?

40 섹스를 하려는데, 음경은 너무 크고 질은 너무 작아서 서로 맞지 않으면 어떻게 해요?

41 섹스는 어떻게 하는 거예요?

42 섹스는 언제 하나요?

43 섹스는 얼마나 자주 해요?

44 섹스할 때 누가 위에 있고 누가 아래에 있어요?

45 섹스는 결혼 전에 하나요, 결혼한 뒤에 하나요?

46 엉덩이나 귀로도 섹스를 할 수 있어요?

47 성관계 없이도 아기가 생길 수 있나요?

48 섹스할 때마다 아기가 생기나요?

49 콘돔이 뭐예요?

50 어린이들은 왜 섹스를 할 수 없어요?

51 물속에서도 섹스를 할 수 있어요?

52 섹스할 때에 왜 끙끙거려요?

53 자위행위가 뭐예요?

· 독자 여러분의 이해를 돕기 위해 본문에 옮긴이의 주석을 달았습니다.

· 본문에서 연령은 만 나이를 기준으로 합니다.

1

# 몸은 왜 중요한가요?

## 1 몸은 왜 중요한가요?

사람은 누구나 남과 다른 자신만의 몸이 있어. 우리는 몸이 있어서 움직이고, 느끼고, 볼 수 있지. 하지만 우리 몸은 가끔 마음대로 되지 않아. 갑자기 커지거나 마구 가렵거나, 또 아프기도 하지. 네 몸은 이 세상에 단 하나밖에 없고, 네 감정도 네 몸과 함께 있어. 그래서 몸을 제대로 알고 몸이 어떻게 작동하는지 알아보는 것이 중요해. 그러면 네 몸이 얼마나 놀라운 작품인지 알게 될 테니까!

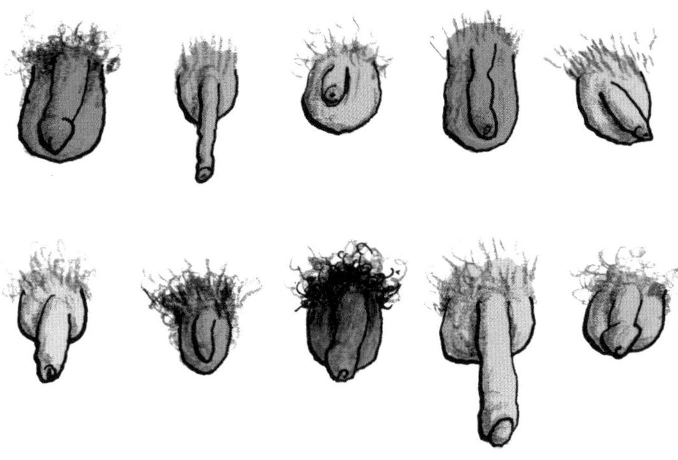

2

음경은 모양이
여러 가지인가요?

## 2 음경은 모양이 여러 가지인가요?

남자는 아이든 어른이든 모두 음경이 있는데, 음경을 고를 수는 없어. 음경은 사람마다 모양이 다 달라. 어떤 건 길고, 어떤 건 가늘고, 어떤 건 짧으면서 굵고, 또 어떤 건 크고……. 음경은 크기나 형태가 아주 다양해. 사람들의 코가 제각각 다르게 생긴 것과 마찬가지야.

3

여자 아이들은 왜
질이 있어요?

## 3 여자아이들은 왜 질이 있어요?

자연은 현명하게도 여자아이에게는 질을, 남자아이에게는 음경이란 성기를 주었어. 성기는 사람이 자손을 남기기 위해 필요한 생식 기관이야. '질'은 여자 어른과 여자아이들의 다리 사이에 있고, 바깥 생식 기관인 외음부에 감싸여 있지. 여성의 바깥 생식기관은 다음과 같은 것들로 이루어져.

-대음순과 소음순.

-작은 두건처럼 생긴 음핵 포피와 그 아래에 잘 숨어 있는 음핵. 음핵은 영어로 클리토리스라고도 해.

-오줌이 나오는 작은 구멍. 요도의 끝이지.

-질 구멍.

정확하게 말하자면 '질'은 질 구멍에서 몸 안쪽으로 이어지는 손가락 길이만 한 터널이야. 질은 여자가 남자와 성행위를 할 때 빳빳해진 음경이 미끄러져 들어오게 해. 여자아이가 월경을 하게 되면 질은 피가 나오는 통로가 돼. 또 엄마 배 속의 아기가 태어날 때, 질을 통해서 세상으로 나온단다.

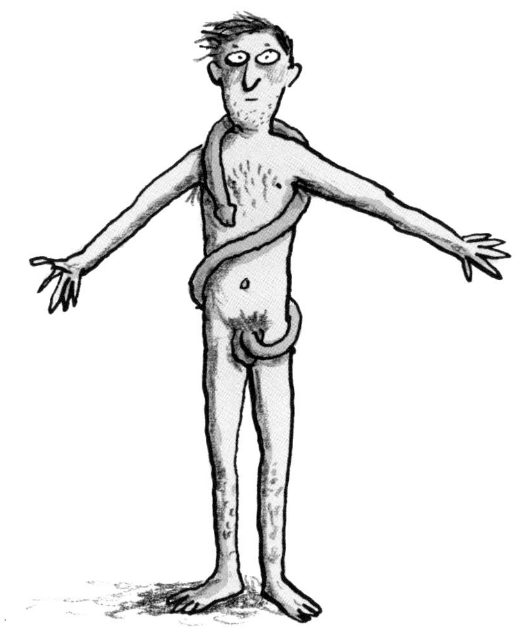

4

음경은 얼마나
길어지나요?

## 4 음경은 얼마나 길어지나요?

음경은 사람마다 모두 다르기 때문에 일반적으로 얼마만큼 길어진다고 정확하게 말하기는 어려워. 첫눈에 보기에는 무척 작은 음경도 많아. 하지만 일단 음경 속의 혈관에 피가 모이고 뻣뻣해지면 갑자기 커지지. 과학자들이 수많은 음경들을 측정해 보았는데, 성인 남자의 음경은 뻣뻣해진 상태일 때 길이가 평균 14센티미터쯤이라는 결과를 얻었어. 보통 5센티미터에서 25센티미터까지는 '평범한 길이'로 여겨. 그리고 음경은 20세가 될 때까지 몸이 성장하는 동안 계속 자란단다.

5

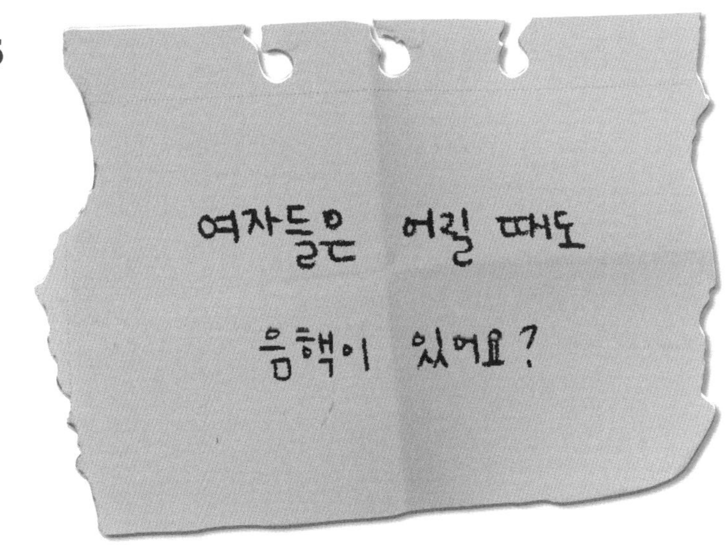

## 5 여자들은 어릴 때도 음핵이 있어요?

응! 음핵이 작은 두건 아래에 숨겨져 있는 사람도 있어. 음핵은 질의 위쪽에 있는데, 영어로 클리토리스라고 하며, 우리말로는 조그만 혹 같아서 공알이라고도 해.

음핵은 쾌감만을 맡는 기관이야. 남자아이들의 음경 끝부분인 귀두처럼 촉각이 굉장히 민감하지. 아주 어린 아기들도 음핵을 문지르면 쾌감을 느낄 수 있어. 가끔 진짜 멋지게 간지럽기 때문에 '간지러운 곳'이라고 부르기도 해.

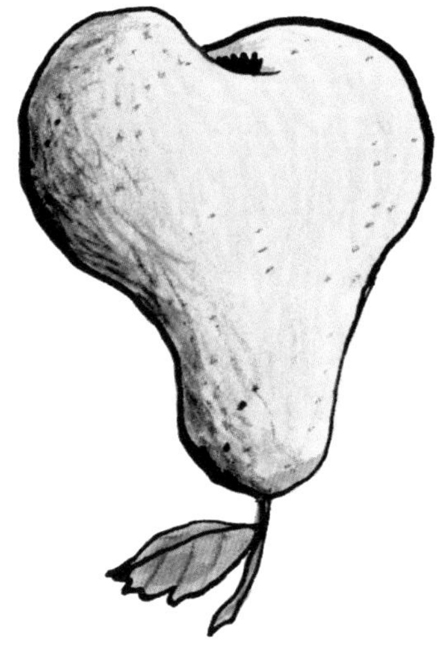

6

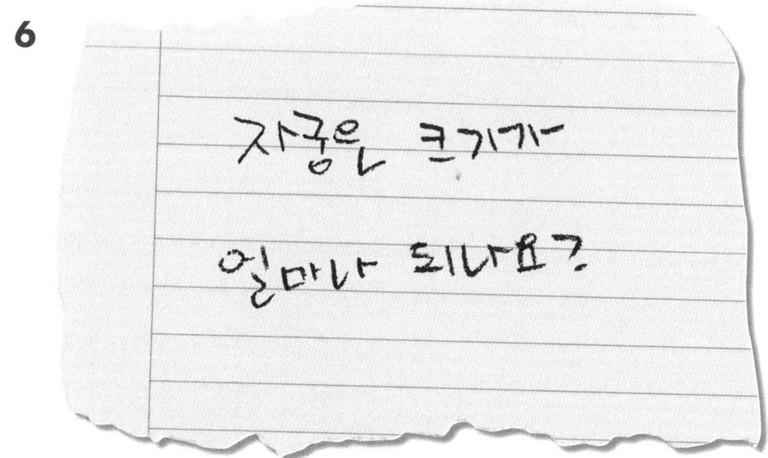

## 6 자궁은 크기가 얼마나 되나요?

자궁은 자그마한 서양배만 한 크기고 모양도 서양배를 거꾸로 세워 놓은 것 같아. 자궁은 두툼한 근육층으로 이루어져 있어서, 태아가 태어날 때까지 그 안에서 자랄 수 있을 정도로 아주 많이 늘어나. 임신 막바지에 이르면 자궁이 거의 수박만 한 크기가 된단다.

7

고추 뒤에

왜 주머니들이 달려 있어요?

## 7 고추 뒤에 왜 주머니들이 달려 있어요?

정확하게 말하자면 고추 뒤에는 주머니가 하나뿐이고, 주머니 속에서 두 부분으로 나뉜 거야. 그 주머니 안에 작은 공 두 개가 들어 있지. 그 공들을 고환이라고 해. 흔히 불알이라고 부르지. 고환이 들어 있는 주머니는 음낭 또는 불알주머니라고 불러. 남자아이들의 고환은 크기가 구슬만 한데, 나이에 따라 사람마다 달라. 몸이 자라면 나중에는 호두 크기로 커져.

고환은 무척 잘 움직여. 고환이 위로 많이 올라가는 바람에 음낭이 텅 비었다고 생각될 때도 가끔 있어. 하지만 걱정하지 마. 보통은 금방 다시 아래로 내려오거든. 이 고환에서 나중에 정자가 만들어지는 거야.

음낭은 아주 훌륭한 온도 조절 장치야. 몸속은 정자에게 너무 뜨겁기 때문에 음낭이 아예 몸 바깥에 매달려 있는 거거든. 더우면 음낭이 아주 길게 늘어져서 몸으로부터 멀어져. 반대로 정자에게 너무 추울 때면 음낭은 단단히 쪼그라들어서 따뜻한 몸통에 최대한 가깝게 붙는단다.

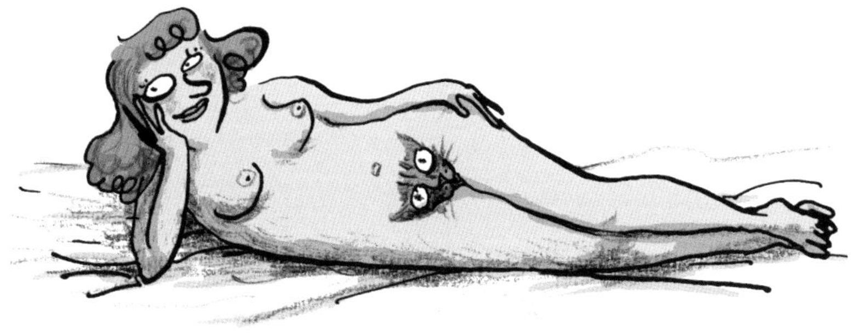

8

# 질을 왜 조개라고 불러요?

## 8 질을 왜 조개라고 불러요?

조개는 질, 그러니까 여성의 성기를 일컫는 많은 명칭 가운데 하나야. 그런 명칭들은 처음에 언제 어떻게 생겨났는지 알 수 없는 경우가 흔해. '조개'도 그런 경우야. 아마 물에 사는 조개에서 온 이름일 거야. 외음부처럼 생긴 조개들이 실제로 많으니까.(*독일어로 여성 성기를 뜻하는 낱말과 조개를 뜻하는 낱말의 철자와 발음이 비슷해서 그랬을 수도 있어.) 또 아니면 고양이 별명과 관계가 있는지도 몰라. 독일에서는 고양이더러 조개라고 부르는 경우가 많거든. 고양이도 부드럽고 따뜻하고 털이 나 있지, 여성 성기처럼.

9

남자는 정자를

몇 개나 만들어 내요?

## 9 남자는 정자를 몇 개나 만들어 내요?

사춘기가 시작되면 고환에서는 정자가 만들어져. 정자를 정충이라고도 불러. 이때 만들어지는 정자의 양은 아주아주 많아. 정자는 하루에 수억 개씩 생겨나지!

고환은 작은 정자 공장과도 같아. 날마다 새로운 정자를 만들어 내서 저장하고, 더 이상 신선하지 않은 정자는 없애. 이 정자 공장은 사춘기부터 죽을 때까지 끊임없이 정자를 생산해 낸단다.

10

## 10 정자는 크기가 얼마나 되나요?

정자는 맨눈으로 볼 수 없을 만큼 작아. 성숙한 남자아이나 남자 어른이 성적 쾌감을 느끼는 절정에 이르면 사정을 하게 되는데, 음경에서 하얀 액체가 나와. 대략 찻숟가락 하나만큼 나오지. 이 하얀 액체는 정액이고, 그 속에 정자가 들어 있어. 나이나 몸 상태에 따라 다르지만 많을 때는 약 4억 개나 들어 있기도 해. 현미경으로 보면 얼마나 많은지 알 수 있지. 수없이 많은 작은 올챙이들이 헤엄치는 것처럼 보여! 이처럼 정자는 아주, 아주, 아주 작아. 여기에 비하면 여성의 난자는 훨씬 크지. 크기가 알파벳 아이(i)의 작은 점만 하거든.

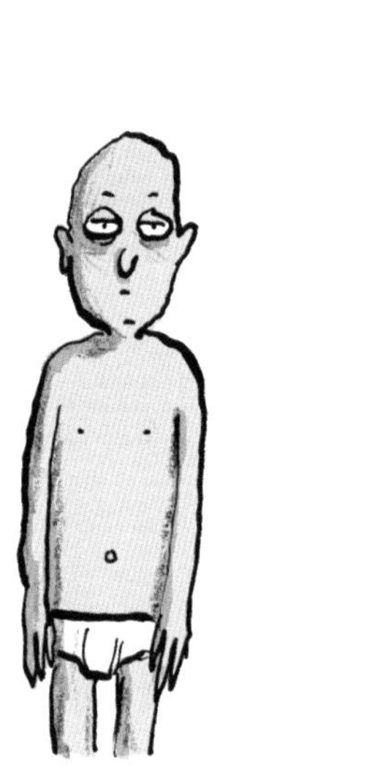

11

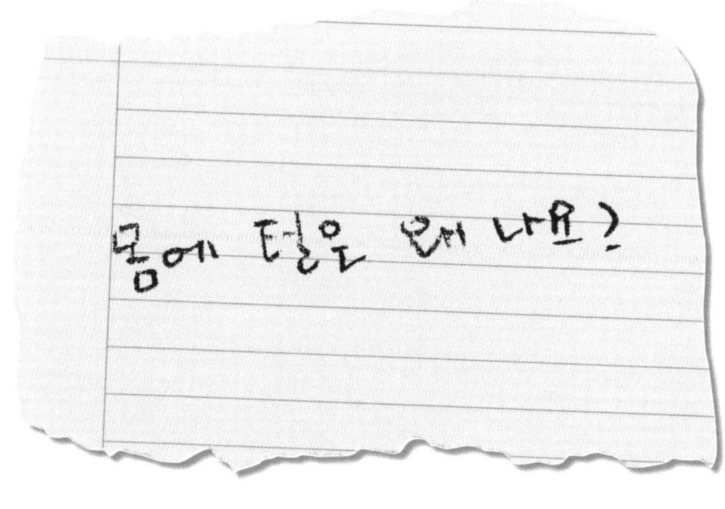

몸에 털은 왜 나요?

## 11 몸에 털은 왜 나요?

우리 몸 전체에 난 털을 보면 우리 인간의 조상은 털이 많은 동물이었다는 걸 알 수 있어. 피부를 덮고 있던 수많은 털들은 대부분 사라졌어. 아직 남아 있는 털은 우리에게 꽤 도움이 돼. 예를 들어 머리카락은 체온을 지켜 줘서 우리를 따뜻하게 해 주고, 겨드랑이 털은 땀을 더 잘 증발시켜 주거든. 눈썹과 속눈썹은 눈의 부상을 막아 줘. 또 팔을 비롯한 피부 곳곳에 난 짧은 털은 누군가가 우리를 쓰다듬거나 어루만질 때, 더 잘 느끼게 해 주지.

생식기 털과 겨드랑이 털과 다리털은 대개 아홉 살에서 열두 살쯤 되면 나기 시작해. 거기에 난 털들은 어른이 되어 가는 걸 뚜렷하게 보여 주는 신호야. 게다가 새롭게 나게 된 어른의 향기가 그 털에 붙어서 사람마다 다른 체취를 갖게 돼. 겨드랑이나 생식기에 난 털이 멋지다고 생각하는 사람도 많아. 반대로 털을 면도하거나 뽑아내는 사람도 많아.

## 12

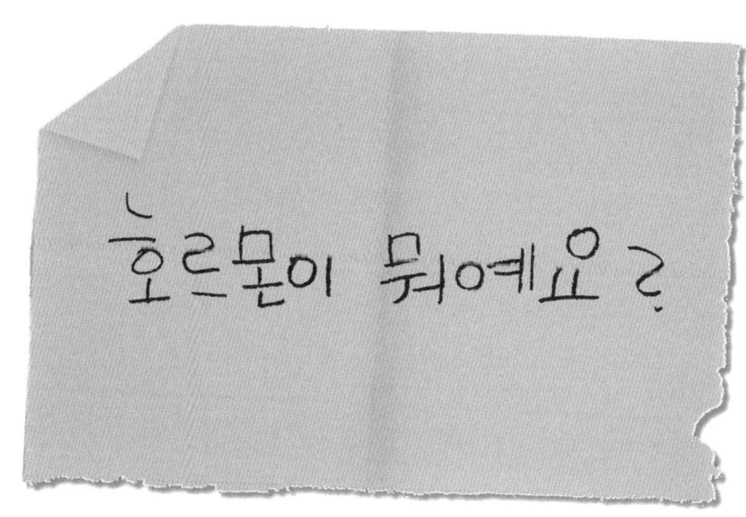

## 12 호르몬이 뭐예요?

호르몬은 몸 안에서 만들어지는 물질이야. 호르몬은 성장과 소화, 알맞은 체온 유지 등 우리 몸에서 이루어지는 모든 과정에 관여하고, 감정까지도 조절하지. 네가 사춘기가 되면 네 몸은 특별한 호르몬, 다시 말해서 성호르몬을 만들어 내기 시작해. 이 성호르몬 때문에 턱에 수염이 자라고, 겨드랑이와 음부와 음경에 털이 나는 등 몸이 변화하고 생식기가 성장한단다. 여자아이들은 유방이 생기고 월경을 시작하고, 남자아이들은 처음으로 사정을 하게 되지. 감정이 마구 솟구쳐서 이따금 변덕을 부리기도 해. 이 모든 변화는 호르몬 때문에 일어나.

13

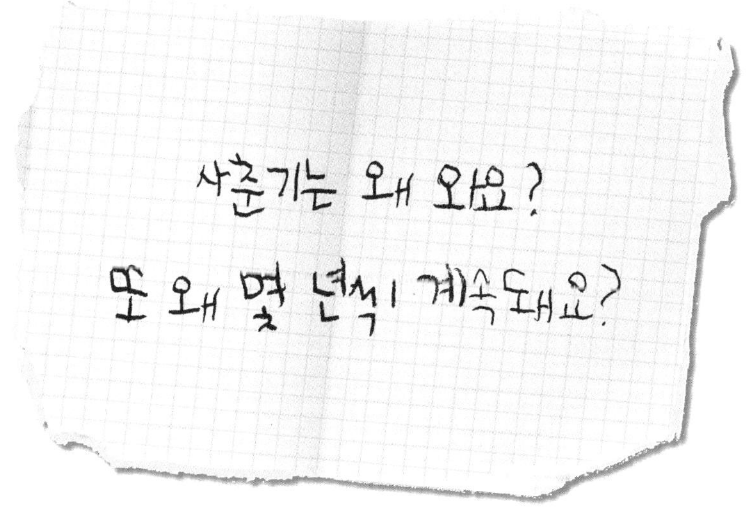

## 13 사춘기는 왜 와요? 또 왜 몇 년씩 계속돼요?

사춘기는 어린이에서 어른으로 넘어가는 과도기야. 이 시기에는 몸 외부와 내부는 물론이고, 생각과 감정에도 많은 변화가 일어나지. 무척 강렬한 변화가 서서히 진행되기 때문에 사춘기는 몇 년씩 계속된단다.

사춘기가 언제 시작되는지는 사람마다 꽤 많이 달라. 어떤 아이는 여덟아홉 살 때 이미 신체 변화를 느끼고, 또 어떤 아이는 열네 살이 되었는데도 아직 변화가 일어나지 않아서 기다리기도 해. 여자아이들은 대부분 남자아이들보다 일찍 사춘기를 맞이해.

14

사춘기는 왜

사춘기라고 불러요?

## 14 사춘기는 왜 사춘기라고 불러요?

'사춘기'라는 우스꽝스러운 말은 옛날 언어인 라틴 어에서 왔어. 라틴 어로 '푸베르타스(pubertas)'라는 낱말이 어원인데, 성적으로 성숙해진다는 뜻이지. 그러니까 여자아이와 남자아이가 사춘기에 이르면 성숙해지는 거야. 나무에 달린 사과가 점점 더 아름다워지고 붉은 뺨처럼 빨개지는 거랑 비슷하지. 미래에 맞이할 어른의 삶과 사랑을 위해 준비하는 거야. 그리고 언젠가 아이를 낳을 수 있도록 성숙해지는 거야.

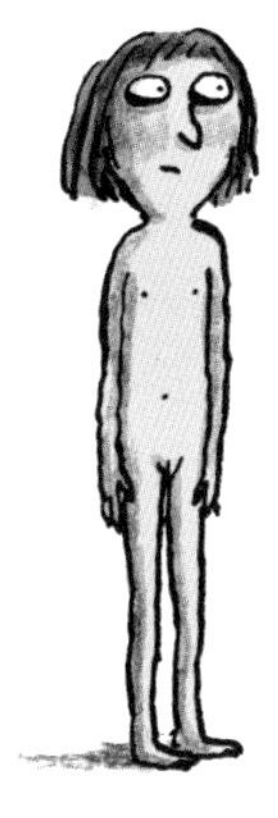

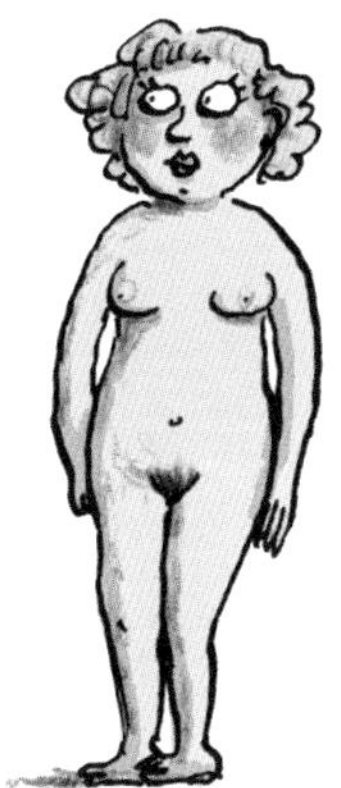

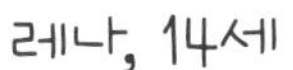

레나, 14세 수지, 11세

15

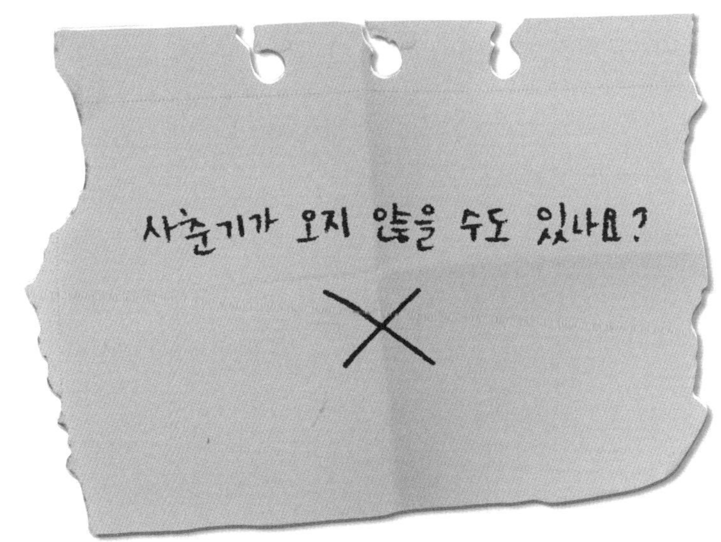

## 15 사춘기가 오지 않을 수도 있나요?

대부분의 아이들이 사춘기를 맞이해, 이르든 늦든 간에. 사춘기가 오면 몸이 자라고 변화해서, 남자아이들은 처음으로 사정을 경험하고 여자아이들은 월경을 시작하게 되지. 이 모든 일은 성호르몬에 의해 일어난단다.

아주 드물긴 하지만, 몸이 성호르몬을 생산하지 않는 경우도 있어. 그런 아이들은 같은 반 친구들 모두가 많이 변할 때도, 작고 어린 모습 그대로이지. 몸이 혼자 힘으로 호르몬을 만들어 내지 못하는 게 아주 확실하다면 호르몬 주사의 도움을 받을 수도 있어. 호르몬 주사를 맞으면 대부분은 사춘기가 찾아온단다. 어떤 아이들은 사춘기가 오지 않을까 봐 걱정해. 하지만 또 어떤 아이들은 변화를 싫어하기도 해. 사춘기를 너무 걱정하지 마. 인내심을 가지면 긴장되는 이 시기를 잘 넘길 수 있을 테니까. 행운도 약간 따라 준다면 더 좋겠지.

16 어른이 된다는 걸

어떻게 알 수 있어요?

## 16 어른이 된다는 걸 어떻게 알 수 있어요?

어른이 된다는 신체적 신호는 금방 알아볼 수 있어. 몸이 달라지거든. 몸 여기저기에 털이 나. 또 여자아이들은 유방이 커지고, 남자아이들은 음경이 커져. 남자는 목소리가 낮아지고 여자는 월경을 시작해. 그리고 언젠가부터 '나는 이제 아이가 아니야!'와 같은 생각도 들어. 자기 생각이 점점 더 중요해지고, 무슨 일이든 직접 경험하고, 또 뭐가 옳고 좋은지 스스로 판단해서 결정하고 싶어져. 그러면 부모님과 다투게 될 때도 가끔 생기지. 이런 모든 일들이 힘들긴 할 거야. 하지만 자신이 성장하는 것을 느끼고, 또 스스로를 책임지고 싶어질 거야. 그렇다고 해서 어른이 되면 이제 더 이상 유치한 장난을 칠 수 없다는 뜻은 아니야! 그러니 안심해도 돼.

17

성에 대한 이야기를 하면
왜 표정이 딱딱해져요?

## 17 성에 대한 이야기를 하면 왜 음경이 딱딱해져요?

그건 바로 뇌 때문이야! 신체에 대한 명령은 뇌로부터 내려오니까. 이따금 남자아이들이 섹스나 그와 비슷한 상황을 생각할 때면 음경 속의 혈관이 부풀고 피가 많아지게 돼. 그러면 음경이 커지고 좀 딱딱해져. 하지만 꼭 섹스를 생각하는 상황에서만 그렇게 되는 건 아니야. 급하게 소변을 봐야 한다거나 무슨 일에 무척 흥분할 때, 또는 밤에 꿈을 꾸었을 때도 그럴 수 있어. 자고 일어났을 때라든가 아무 이유가 없을 때도 그럴 수 있지. 많은 남자아이들이 하루에도 여러 번 음경이 딱딱해지는 걸 경험하곤 해. 이건 마음대로 조절할 수 있는 일이 아니야. 시간이 흘러 모였던 피가 서서히 빠져 나가면 음경은 원래대로 가라앉는단다.

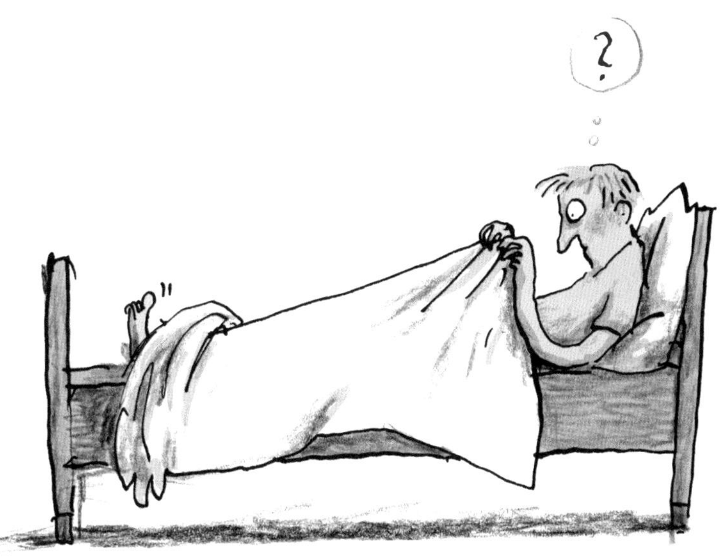


18

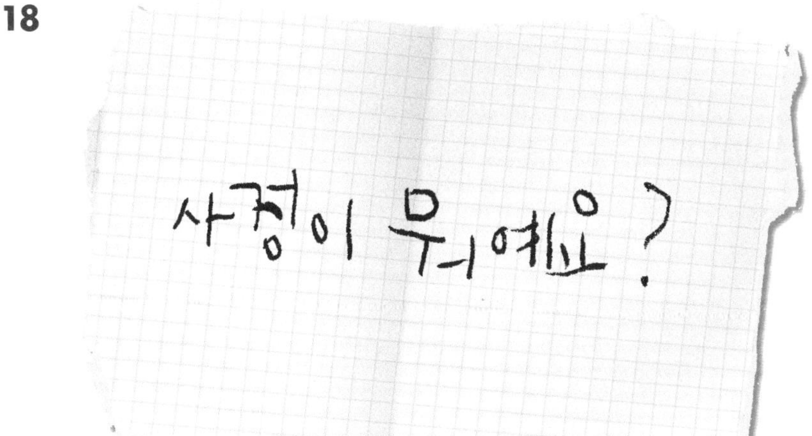

## 18 사정이 뭐예요?

남자아이들은 때가 되면 처음으로 사정을 경험하게 돼. 쾌감이 아주 커지면 딱딱해진 음경 앞쪽으로 희고 미끈거리는 액체가 조금 나와. 이 액체를 정액이라고 불러. 정액에는 정자가 수억 개나 들어 있어. 그리고 음경에서 정액이 나오는 걸 사정이라고 해. 사정을 하는 그 순간, 단 몇 초 동안 남자는 아주 시원하고도 멋진 기분을 느끼게 돼. 이 쾌감을 '오르가슴'이라고 하지.

사정은 자위행위를 할 때도 하고, 밤에 잘 때도 할 수 있어. 자다가 자기도 모르게 사정하는 경우는 '몽정'이라고 불러. 아주 근사하게 섹시하고 사랑스러우며 간질간질한 꿈을 꾸다가 사정을 하는 거지. 그러면 아침에 깼을 때 속옷이랑 잠옷 바지가 약간 축축할 거야.

걱정하지 마. 옷은 세탁하면 되니까!

19

여자들은 질에서

왜 피가 나요?

## 19 여자들은 질에서 왜 피가 나요?

사춘기가 되면 여자아이는 월경을 시작하게 돼. 그래서 모든 여자들이 약 4주에 한 번씩 며칠 동안 질에서 피가 나는 거야. 여자의 몸이 때마다 임신할 준비를 한다는 뜻이지.

배 속의 자궁 양 옆에는 자두 크기만 한 난소가 하나씩 있어. 이 난소에서 성숙한 난자가 나와서 가느다란 나팔관을 통해 자궁으로 이동한단다. 정자를 맞을 준비를 하지. 난자가 정자와 만나거나 합쳐지면 그때부터는 수정란이라고 불러. 자궁은 수정란에게 편안한 보금자리가 되어 주려고 준비해. 자궁 안의 점막이 부드럽고 두꺼워지지. 수정란이 자궁 안에 자리를 잡고 붙으면 임신에 성공한 거야. 하지만 대부분의 난자는 수정되지 않아서 부드럽고 두꺼운 점막은 필요하지 않게 돼. 쓸모가 없어진 점막은 적은 양의 피와 함께 질로 밀려나온단다.

20

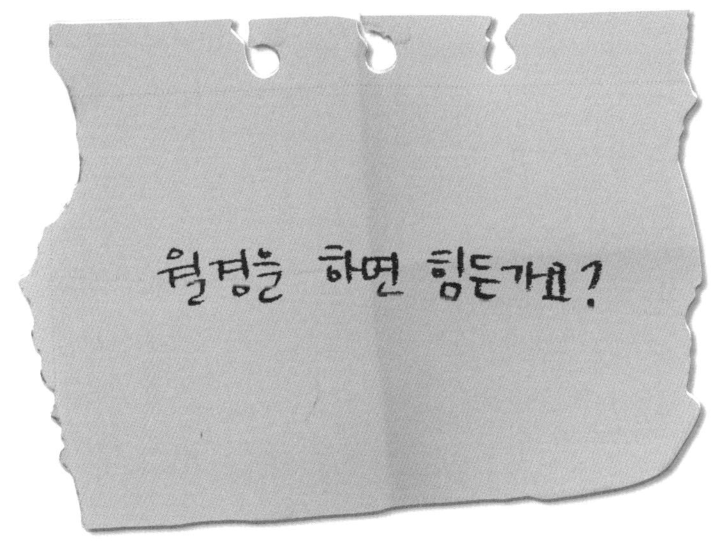

## 20 월경을 하면 힘든가요?

여자아이는 월경을 시작하면 새로운 경험을 많이 하게 돼. 생리대가 나은지 아니면 탐폰이 나은지, 내가 무엇을 잘 사용할 수 있는지 시험해 봐야 해. 월경을 할 때 배가 당겨서 아파하는 아이들도 많아. 임신에 대비해 만들어진 점막을 내보내려고 자궁이 계속 수축해서 아픈 거야.

방해받지 않고 혼자 조용하게 지내고 싶은 날도 많을 거야. 가끔은 월경에 관한 모든 일이 너무 짜증나게 느껴질 때도 있지!

그래도 걱정하지 마. 월경이 언제나 힘들기만 한 건 아니고, 누구나 매번 다르게 느끼니까. 월경은 어른이 된다는 신호이기 때문에 자랑스럽게 여기고 기뻐하는 아이들도 많아.

월경을 다른 말로는 생리, 달거리, 멘스, 마법에 걸린 주간 등으로 표현해. 독일에서는 '딸기 주간'이라는 표현을 쓰기도 해.

21

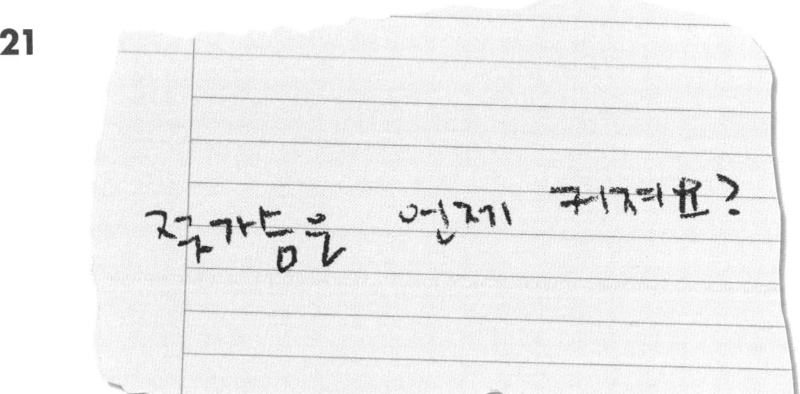
젖가슴은 언제 커져요?

*두더지가 땅을 판다는 말은 독일에서 가슴이 커지기 시작하는 걸 가리키는 표현이야.

## 21 젖가슴은 언제 커져요?

아홉 살이나 열 살에 이미 젖가슴이 자라는 여자아이들도 많아. 한편 어떤 아이들은 열세 살이나 열네 살이 되어서 자라기 시작하기도 하지. 젖가슴을 한자어로 유방이라고도 일컫는데, 몸이 다 자라면 유방도 다 자란 거야. 대략 열여섯 살에서 열여덟 살이면 거의 다 자라지.

유방은 양쪽이 고르게 자라지 않을 때도 가끔 있어. 가슴 한쪽이 다른 쪽보다 좀 큰 시기도 있다는 뜻이야. 하지만 나중에는 크기가 거의 같아져.

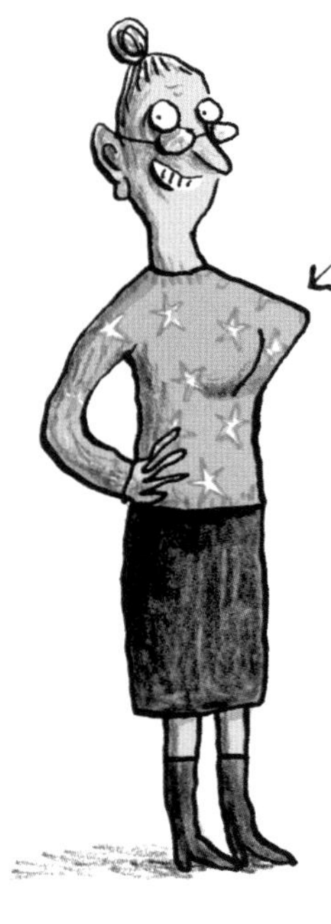


22

# 젖가슴은 왜 아래로 처져요?

## 22 젖가슴은 왜 아래로 처져요?

사춘기 초기에 젖가슴이 자라기 시작할 때는 아래로 처지지 않아. 나이를 먹으면서 점차 그렇게 되지. 피부가 예전처럼 유방의 무게를 잘 받쳐 줄 만큼 강하지 못하기 때문이야. 그런데 있잖아, 유방의 모양은 무척 다양해. 뾰족하거나 두툼하거나 납작하거나 둥글거나 넓거나 하는 식으로 사람마다 다 달라. 모든 형태의 유방이 나중에 다 처지는 것도 아니야.

유방을 받쳐 주려고 브래지어를 입는 여성도 많아. 브래지어는 짧게 '브라'라고 부르기도 해.

23

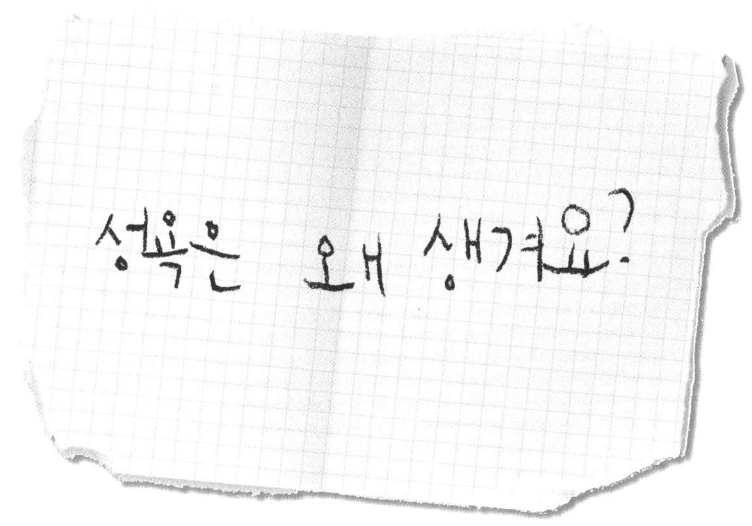

## 23 성욕은 왜 생겨요?

모두가 아는 인간의 욕구에는 다음과 같은 것들이 있어.

-아이스크림을 먹고 싶은 욕구

-움직이고 싶은 욕구

-누군가가 나를 간질여 주기를 바라는 욕구

-누군가와 몸을 비비길 원하는 욕구

욕구가 있다는 건 뭔가를 갖고 싶다거나 좋은 느낌을 바란다는 뜻이야. 성인과 청소년은 섹스를 하고 싶은 욕구도 생기곤 해. 성욕 말이야. 성욕은 자연스러운 거야. 섹스와 성욕이 없다면 우리 모두는 이 세상에 없었을 테니까!

24

사람들은 왜 섹스를 했다고 털어놓지 않아요?

## 24 사람들은 왜 섹스를 했다고 털어놓지 않아요?

대부분의 사람들이 섹스는 무척 멋진 일이지만 남들에게 털어놓을 필요는 없다고 생각해. 누구나 살아가면서 특별한 몇몇 사람들과만 이야기하고 싶은 주제가 있어. 예를 들면 가장 친한 친구에게만 말할 수 있는 비밀이라든지 말이야.

섹스도 지극히 개인적인 은밀한 주제에 해당하지. 그래서 네가 만약 누군가에게 섹스를 해 봤어? 언제 했어? 어땠어? 하고 묻더라도 대답을 얻지 못할 수 있단다.

## 25

키스는

왜 하는 거예요?

## 25 키스는 왜 하는 거예요?

누군가와 아주 가까워지고 싶으면 언젠가는 키스를 하게 될 거야. 입과 입술은 피부가 아주 얇고, 자극을 받아들이는 감각 수용기가 많아서 뭔가가 와 닿으면 무척 섬세하게 느낄 수 있어. 그래서 키스는 서로를 향한 사랑과 애정을 아주 잘 느끼게 만들어 주는 표현이야.

키스의 종류는 무척 다양해. 부모와 자식 사이에 하는 키스, 친구를 환영하는 키스, 사랑에 빠진 두 연인의 진한 키스, 귀부인의 손등에 하는 키스 등이 있지. 키스를 할지 말지는 반드시 각자 결정해야 한단다.

26

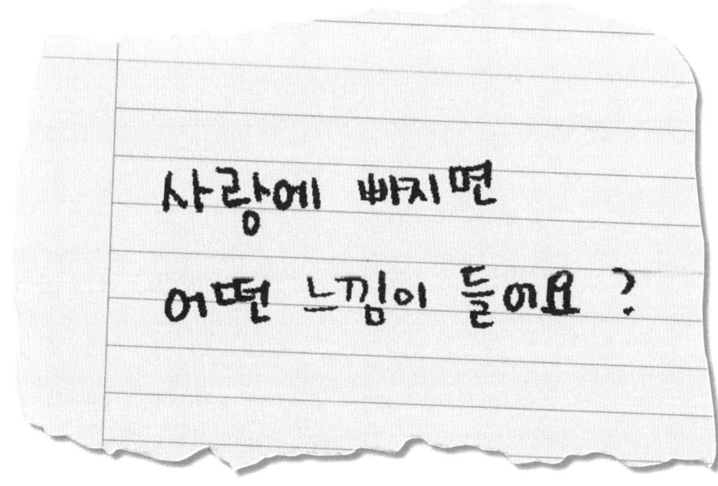

## 26 사랑에 빠지면 어떤 느낌이 들어요?

사랑에 빠지면 그 상대방 말고는 아무것도 생각하지 못할 때가 많아. 그 사람이 옆에 있으면 심장이 쿵쿵 거세게 뛰고 배가 막 간질거리지. 흥분해서 뭘 먹기가 힘들어지기도 해. 가끔은 그렇게나 좋으면서도 자기감정을 드러내기가 어렵기도 해. 그럴 때 편지를 쓰거나 친구에게 말을 좀 전해 달라고 부탁한다면 꽤 도움이 될 거야. 사랑에 빠진다는 건 아주 강력한 느낌이란다. 게다가 상대방도 나와 똑같이 느낀다면 훨씬 더 좋아!

27

성관계를 생각하면

왜 우습고

이상한 느낌이 들까요?

## 27 성관계를 생각하면 왜 우습고 이상한 느낌이 들까요?

성관계를 생각하면 우스운 느낌이 드는 이유는 여러 가지야.

성관계를 상상하는 건 무척 흥미로운 일이라고 생각하는 사람도 많아. 성관계에 대한 생각 때문에 몸이 간지러워지고 흥분이 되지. 한편 또 다른 사람들은 어떤 두 사람, 예를 들면 자기 부모님이 성관계를 하는 것은 전혀 상상하고 싶어 하지 않기도 해. 이런 갖가지 감정들이 뒤섞여서 우습고 이상한 느낌이 드는 거야. 이 이상한 느낌에 대해 함께 이야기를 나눌 수 있는 사람이 있다면 참 좋을 거야. 친구나 부모님도 좋고, 아니면 또 다른 믿음직한 누군가도 괜찮아.

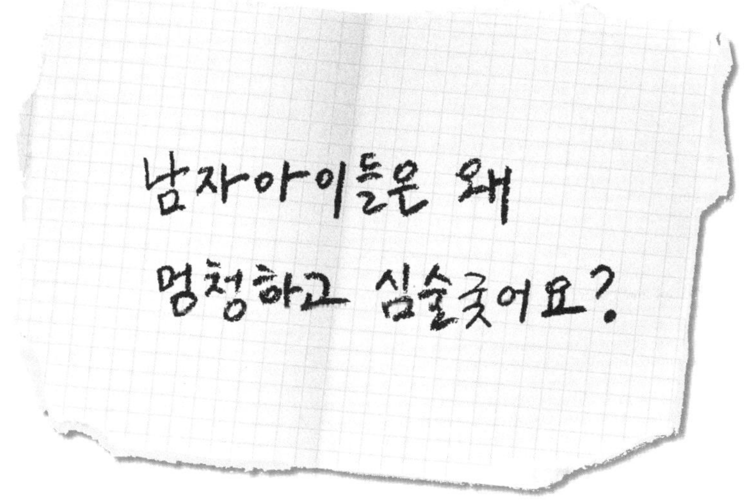
남자아이들은 왜
멍청하고 심술궂어요?

## 28 남자아이들은 왜 멍청하고 심술궂어요?

'모든' 남자아이가 '언제나' 멍청하고 심술궂은 것은 아니야! 남자아이들이 여자아이들을 약 올리거나 여자아이들에 대해 못된 말을 퍼뜨리거나 심술궂게 굴 때가 가끔 있기는 하지. 한편 여자아이들도 남자아이들에게 똑같이 하곤 해. 그런데 약을 올리는 게 그 여자아이에게 관심이 있다는 표시일 수도 있어. 남자아이가 여자아이의 관심을 끌고 싶어서 못된 말을 하는지도 몰라. 학교 운동장에서 밀치는 것도 여자아이 옆에 최대한 가까이 있으려는 시도일 수도 있어. 어쨌든 남자아이가 심술궂게 굴면 싫다고, 그런 행동은 전혀 좋아하지 않는다고 이야기해야 해!

29

여자아이들은

왜 모두 쌀쌀맞아요?

## 29 여자아이들은 왜 모두 쌀쌀맞아요?

'모든' 여자아이가 '언제나' 쌀쌀맞은 것은 아니야. 그저 남자아이들 앞에서 어떻게 행동해야 할지 모르는 것뿐이란다. 그럴 때 여자아이들은 남자아이들에게 무척 관심이 많으면서도 킥킥거리거나 계속 쌀쌀맞게 굴곤 해. 여자아이들은 다른 여자아이들과 함께 있을 때 안전하고 편안하다고 느낄 때가 많아. 남자아이와 여자아이가 둘이서만 시간을 보낸다면 대부분은 상황이 더 나아. 분위기가 무척 느긋해지면서 둘이 함께 있는 시간이 꽤 좋다는 걸 느끼게 될 거야.

섹스는 어떤 느낌이에요?

## 30 섹스는 어떤 느낌이에요?

섹스는 무척 다양한 느낌이야. 때로는 온몸이 간질간질하고 아주 자극적이지. 또 서로 쓰다듬고 천천히 키스할 때면 무척 다정하고 부드럽단다. 어떨 때는 사나운 싸움 같은 느낌이고, 또 어떨 때는 롤러코스터를 타는 듯이 마구 소리를 지를 만큼 거칠게 느껴지기도 해. 섹스를 할 때는 온갖 종류의 감정을 매우 강렬하게 느낄 수 있어. 게다가 이 느낌은 매번 조금씩 달라.

**31**

성관계 중에
죽을 수도 있어요?

## 31 성관계 중에 죽을 수도 있어요?

성관계는 엄청나게 자극적이기도 해. 너무 흥분해서 심장이 빨리 뛰고, 근육은 팽팽하게 긴장하고, 혈압도 올라. 섹스가 운동 경기를 하는 것처럼 아주 힘들다고 말하는 사람도 많아. 만약 몸이 많이 아프고 심장이 약한 사람이라면 섹스할 때 힘이 너무 들어서 죽을지도 모르지.

하지만 걱정하지 마! 섹스를 하다가 죽는 일은 거의 일어나지 않으니까!

32

섹스는 뭐가 즐거워요?

## 32 섹스는 뭐가 즐거워요?

두 사람이 서로 많이 좋아하게 되면, 몸도 최대한 가까이 있고 싶어 해. 그래서 연인들이 키스를 하고 쓰다듬으며 서로를 느끼는 거야. 어른들에게 섹스는 탐험과도 같아. 내 몸 구석구석에서 미처 몰랐던 부분을 찾아내게 되거든. 또 이미 익숙한 부분도 늘 새롭게 다시 찾을 수 있어. 때로는 상대방에게 맡겨서 연인이 찾아 주는 대로 발견하고, 둘이 서로를 탐색하기도 하면서 온갖 감정을 느끼곤 해. 이런 모든 경험이 섹스를 무척 즐겁게 해 준단다!

33

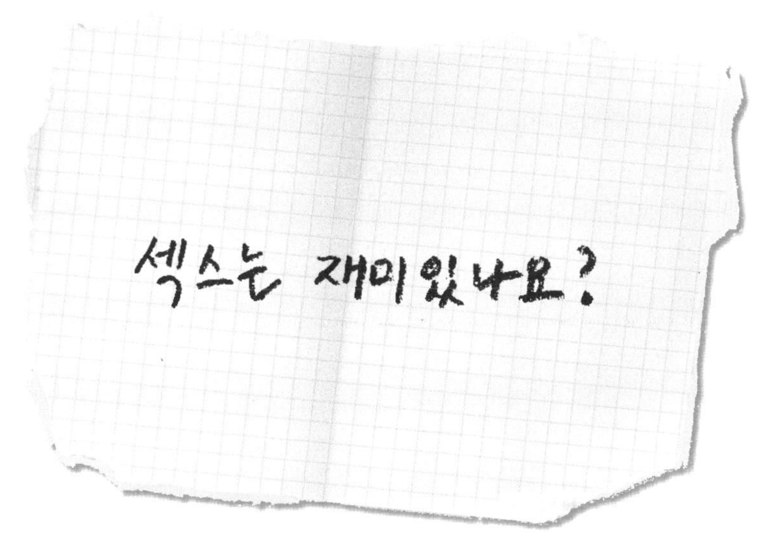

## 33 섹스는 재미있나요?

많은 연인들이 섹스를 할 때 함께 장난을 치곤 해. 서로를 마구 간질이거나 괜히 장난으로 몸싸움을 하는 거야. 그러면 상대방을 더욱 잘 느끼고 아주 가까이 있을 수 있기 때문이지.

섹스가 무척 재미있을 수도 있어. 예를 들어 한 명이 이불 속에서 방귀를 뿡 뀌어 소리랑 냄새가 난다면 어떨까? 웃기겠지? 갑자기 어린아이가 침대 옆으로 와서, 부모님과 함께 씨름을 하고 싶어 해도 웃길 거야.

하지만 섹스는 장난스럽거나 재미있는 것 이상이야. 기쁘거나 슬프고, 지루하거나 흥미진진하지. 사람이 느낄 수 있는 온갖 다양한 기분을 섹스를 통해서 다 느낄 수 있다고 보면 돼.

섹스가

그렇게 중요한가요?

## 34 섹스가 그렇게 중요한가요?

어른들이 섹스나 성관계를 중요하게 생각하는 이유는 여러 가지로 무척 많아.

-재미있으니까.

-아이를 갖고 싶어서.

-기분이 좋아지니까.

-서로 사랑하고, 가깝다는 걸 느끼고 싶어서.

-성욕을 느끼고, 섹스가 큰 쾌감을 준다고 생각하니까.

-상대방에게 자신의 감정을 보여 줄 수 있어서.

-모험을 하고 싶으니까.

등등으로 아주 많은 이유가 있지!

성관계에서 무엇보다 중요한 건, 두 사람이 모두 원해야 한다는 사실이야. 둘 중 누구도 강요받는 느낌이 들면 안 돼.

그런데 모든 사람이 섹스를 중요하게 생각하는 건 아니야. 섹스를 아주 가끔만 하거나 전혀 하지 않으면서도 매우 행복하고 만족스럽게 사는 사람들도 많단다.

35

'섹스'를 대신해서 쓰는

말에는 어떤 게 있어요?

## 35 '섹스'를 대신해서 쓰는 말에는 어떤 게 있어요?

네가 얼마나 알고 있는지 한번 곰곰이 생각해 봐. 꽤 많이 떠오를걸! 다음과 같은 용어들이 있어.

-전문적으로 들리는 말: '성교', '성관계'

-원래는 다른 뜻인데 '섹스하다'란 뜻으로 쓰는 말: '같이 자다', '함께 잠자리에 들다', '관계하다', '못을 박아 조립하다'*

-동물의 세계를 연상시키는 말: 짝짓기하다, 교미하다

-만들어 낸 말: 교합하다

섹스나 성관계를 뜻하는 말은 이 세상의 어떤 언어와 사투리에든 다 있어. 새로운 말도 계속 생겨나지.

*이 말은 독일에서 쓰는 표현이야.

36

'섹스'라는 말은

누가 처음 만들었어요?

## 36 '섹스'라는 말은 누가 처음 만들었어요?

누가 이 말을 만들었는지는 알려지지 않았어. 아마 시간이 흐르는 동안 저절로 생겨났을 거야. '섹스'는 '섹슈얼리티(sexuality)'의 준말이야. 지금은 쓰지 않는, 아주 오래된 언어인 라틴 어 낱말 '섹수스(sexus)'에서 나왔어. 섹수스는 '성'이라는 뜻이야. 그러니까 섹스라는 말은 원래 남자 또는 여자를 뜻하는 말이고, '섹스하다'라든지 '같이 자다' 또는 '성교'라는 말과는 그다지 상관없는 용어야.

37

처음으로 섹스를 한 사람은

누구예요?

## 37 처음으로 섹스를 한 사람은 누구예요?

처음으로 섹스를 한 사람은 최초의 인간이야. 이 질문에 이보다 더 정확히 답해 줄 수는 없어. 지구에서 인간이 언제부터 살았는지 명확하게 알 수 없기 때문이야. 어쨌든 약 300만 년 전의 인간이라고 보면 돼.

인간은 동물에서 진화했어. 동물은 단지 번식하기 위해 섹스를 했지. 한편 원시 인류는 오늘날의 우리와 마찬가지로 감정과 욕구를 느꼈어. 그들은 서로 사랑하고, 함께 있었고, 섹스도 당연히 했단다.

**38**

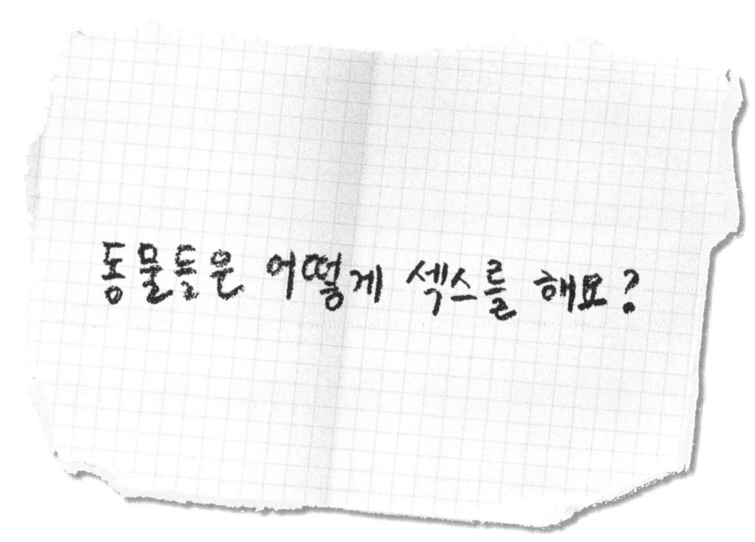

## 38 동물들은 어떻게 섹스를 해요?

모든 동물은 번식하기 위해 섹스를 한단다. 동물이 섹스하는 방식은 무척 다양해. 예를 들어 볼게. 개와 같은 포유류도 물론 섹스를 해. 그렇지 않다면 작은 강아지가 어떻게 태어날 수 있겠어? 수캐가 암캐 뒤쪽으로 올라타서 음경을 암컷의 질에 넣는 것이 개들의 섹스란다.

새들은 좀 달라. 조류는 음경이나 질이 없거든. 그 대신 총배설강이라는 구멍을 통해서 수정이 이루어지게 돼. 수컷 새가 암컷 새 위에 잠시 앉아 있으면 정자가 암컷의 총배설강으로 흘러들어가. 이렇게 수정된 알을 낳아 둥지에서 잘 품으면 나중에 새끼 새가 부화하는 거야.

공룡도 섹스를 했어. 학자들은 수컷 공룡이 암컷 위에 올라가 짝짓기를 하는 식으로 수정이 이루어졌을 거라고 짐작한단다. 공룡 중에는 포유류처럼 음경과 질이 있는 공룡도 있었어. 또 다른 공룡들은 새처럼 총배설강을 통해 번식했다고 해.

39

섹스할 때는

옷을 다 벗어야 해요?

## 39 섹스할 때는 옷을 다 벗어야 해요?

아니! 섹스를 할 때 강제로 해야만 하는 것은 하나도 없어!

-사람들이 섹스를 할 때 옷을 다 벗는 이유는, 맨몸이면 서로를 더 잘 느낄 수 있고 쓰다듬기도 더 좋기 때문이야.

-발이 차가워서 양말은 그대로 신고 있는 사람도 많아.

-너무 급해서 옷을 미처 다 벗을 시간이 없는 사람도 많지.

-섹스를 할 때 상대방에게 멋지게 보이려고 특별히 맵시 있는 옷을 입는 사람도 많아.

누구나 자기가 원하는 대로 벗거나 입은 채로 섹스를 하는 거야. 반드시 지켜야 할 규칙은 없어.

**40**

섹스를 하려는데,
음경은 너무 크고 질은 너무 작아서
서로 맞지 않으면
어떻게 해요?

## 40 섹스를 하려는데, 음경은 너무 크고 질은 너무 작아서 서로 맞지 않으면 어떻게 해요?

어른들은 섹스를 할 때 대부분 아무 문제가 없어. 질은 신축성이 무척 뛰어나서 잘 늘어나는 통로거든. 출산할 때는 아기가 통과할 만큼 넓게 늘어나잖아.

그리고 여자가 성욕을 느끼면 질은 저절로 축축해져서 마찰을 줄여 줘. 이렇게 준비가 되면 음경이 꽤 크더라도 쉽게 질로 미끄러져 들어갈 수 있지.

41

섹스는 어떻게 하는 거예요 ?

## 41 섹스는 어떻게 하는 거예요?

'섹스하다'라는 말은 여러 가지를 뜻해. 서로 키스하고, 쓰다듬고, 몸을 붙인 채 비비고, 같이 자고 등등의 행동이 포함되지. 두 사람이 함께 아주 가까이 있으면서, 서로를 느끼길 원하는 거라고도 말할 수 있단다. 그럴 때면 몸이 무척 간지러워져. 여자와 남자가 섹스를 하기 시작해 시간이 좀 지나면 남자의 음경은 약간 커지면서 아주 딱딱해지고, 여자의 질은 축축해지지. 그럼 두 사람이 모두 원할 때에 남자는 자기 음경을 여자의 질에 넣어. 둘이서 몸을 앞뒤로 움직일 때마다 간지러운 느낌이 점점 더 커지다가, 어느 순간 갑자기 절정으로 치달아 오르가슴에 도달하게 돼. 그네 탈 때랑 약간 비슷한 느낌이야. 점점 더 높아지거든. 그러다가 배 안의 가장 깊은 곳에서 행복이 껑충껑충 뛰는 듯한 기분이 느껴지는 거야! 그렇게 만족스러운 느낌이 지나가고 나면 두 사람은 편안한 상태가 되고 모든 긴장이 풀린단다.

42

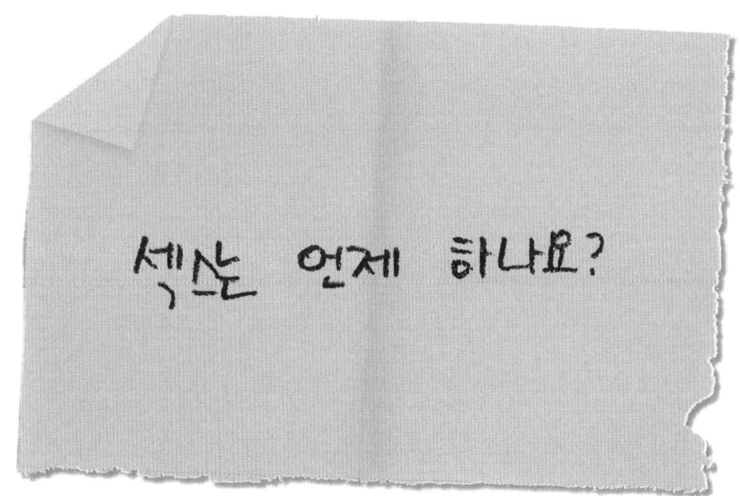
섹스는 언제 하나요?

## 42 섹스는 언제 하나요?

섹스는 아주 은밀한 일이야. 대부분의 어른들은 방해받지 않을 만한 시간을 골라. 그러니까 아이들이 이미 잠들었거나, 할아버지 할머니 집에 자러 갔거나, 아직 학교나 유치원에 있는 시간이지. 아니면 집이 아닌 다른 장소를 찾기도 해. 어른들은 아이디어가 정말 많거든! 한밤중에 엄마와 아빠의 방에 갔는데, 두 사람이 벌거벗은 채로 누워서 숨을 몰아쉬며 꼭 끌어안고 있는 모습을 목격할 수도 있어. 어쩌면 부모님은 최고로 멋진 순간을 막 누리는 중인데 아이가 불쑥 나타난 건지도 몰라. 그러니까 문을 열었는데 섹스를 하는 중이거든, 일단 쉿! 하고 조용히 문을 다시 닫고 나오는 게 좋아…….

43

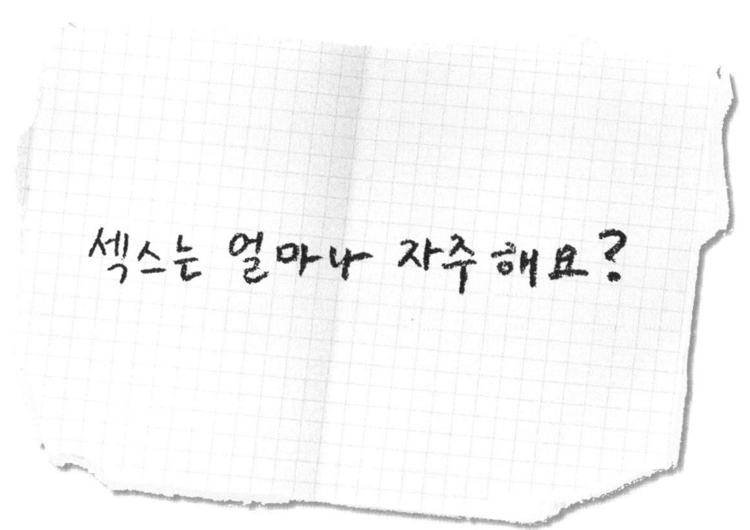

## 43 섹스는 얼마나 자주 해요?

누구든 자기가 원하는 만큼 할 수 있어. 어떤 사람은 무척 자주 하고 싶어 해. 또 어떤 사람은 1년에 딱 한 번 하고, 아예 할 마음이 전혀 없는 사람도 있지. 모든 사람이 똑같이 원하지는 않아. 사랑에 처음 빠졌을 때는 계속 섹스를 하다가도 나중에는 그게 별로 중요해지지 않을 수 있단다. 반면에 할아버지나 할머니가 되고 나서야 섹스가 좋다고 생각하는 사람들도 있어. 우리는 모두 저마다 달라.

**44**

섹스할 때

누가 위에 있고

누가 아래에 있어요?

## 44 섹스할 때 누가 위에 있고, 누가 아래에 있어요?

어른들은 섹스를 하는 방법에 대해서 꽤 많은 아이디어를 가지고 있어. 남자가 여자 위에 엎드려서 음경을 질에 넣는 것도 하나의 방법이야. 반대로 여자가 남자 위에 엎드리거나 앉아서 남자의 음경을 자기 질에 넣을 수도 있어. 다시 말해서 두 사람 중에 누구라도 위에 올라갈 수 있다는 얘기야. 자리에 대한 규칙이 없거든. 어떤 사람들은 서로 계속 자리를 바꾸고, 또 어떤 사람들은 늘 똑같이 해. 그리고 자리는 위아래만이 아니라 앞뒤와 좌우도 있지.

45

섹스는 결혼 전에 하나요,

결혼한 뒤에 하나요?

## 45 섹스는 결혼 전에 하나요, 결혼한 뒤에 하나요?

유럽 사람들 대부분은 결혼 전에 섹스하는 걸 지극히 당연하게 여겨. 보통은 결혼하고 싶은 마음보다 성욕이 훨씬 더 먼저 생기기 때문이야. 섹스는 연습도 좀 하면서 실험해 봐야 하는 것이라고 생각하는 사람도 많아. 처음부터 곧바로 잘되거나 항상 성공하는 건 아니고, 상상처럼 무척이나 멋진 느낌을 금방 받을 수 있는 것도 아니니까. 약 50년 전만 해도 독일 사람들은 결혼할 때까지 섹스를 하지 않는 게 정상이라고 생각했어. 어쨌든 대부분의 연인들이 그렇게 하려고 노력했지. 물론 오늘날에도 섹스를 하기 전에 먼저 결혼하기를 바라거나, 반드시 그래야 한다고 믿는 사람들이 많이 있어. 세상 어디에나 있지.

46

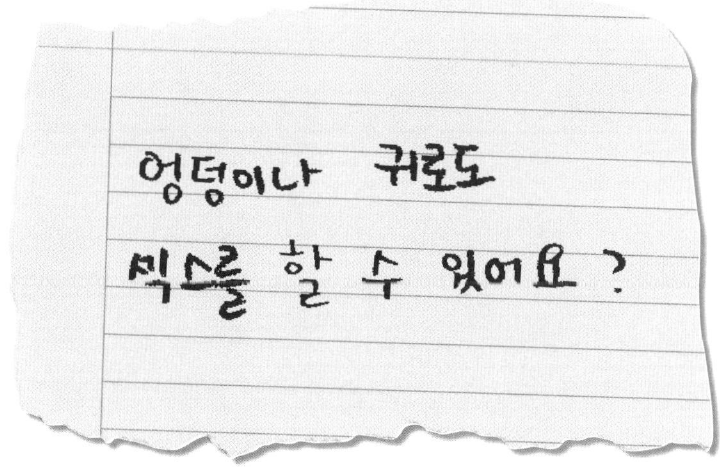

엉덩이나 귀로도
섹스를 할 수 있어요?

## 46 엉덩이나 귀로도 섹스를 할 수 있어요?

'섹스를 한다'는 것은 남자가 음경을 여자의 질에 넣는 행위만 뜻하는 게 아니야. 쓰다듬거나 껴안는 것, 키스하는 것, 서로 편안하게 느끼는 감정 등등도 모두 섹스에 포함되지. 우리 몸의 여러 부위 중에서도 엉덩이와 귀는 피부 아래에 특히 많은 신경 세포가 자리하고 있어. 그래서 이 부위에 연인의 손길이 닿으면 무척 예민하게 느낀단다. 그러니 엉덩이나 귀로도 섹스를 한다고 말할 수 있지.

47

성관계 없이도

아기가 생길 수 있나요?

## 47 성관계 없이도 아기가 생길 수 있나요?

아이가 생기려면 여자의 난자와 남자의 정자가 만나 수정이 되어야 해. 대부분은 성관계를 통해서 이루어지는 일이지. 그런데 이와 다른 방법으로 정자가 난자와 만나는 경우도 이따금 있어. 예를 들어, 실험실 현미경 아래에서 만나는 거야. 이걸 '인공 수정'이라고 해. 또는 주사기 비슷한 걸로 정자를 여자의 몸에 직접 넣는 경우도 있어. 그 밖에 섹스하지 않고 아기를 얻을 수 있는 또 하나의 방법은 아이를 입양하는 것이지.

48

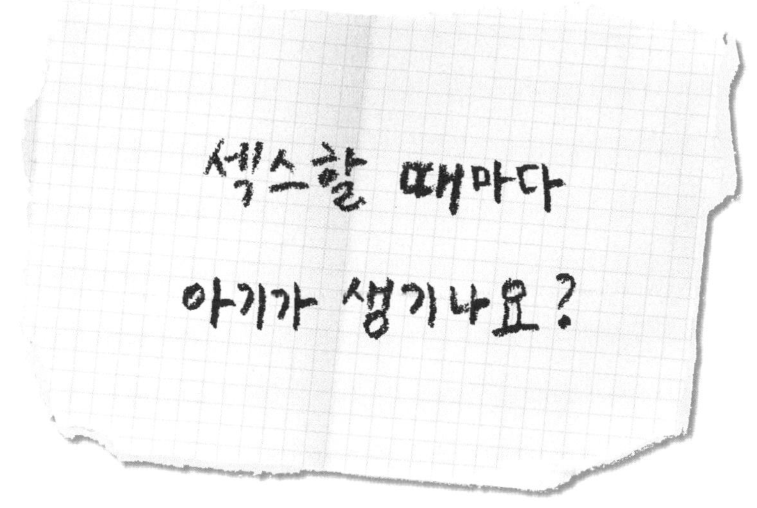

## 48 섹스할 때마다 아기가 생기나요?

아니야! 아기는 남자의 정자가 여자의 난자와 만나서 하나로 합쳐질 때만 생겨. 수정이 이루어져야 여자가 임신을 할 수 있지. 그러니까 두 사람이 섹스를 할 때마다 임신하는 것은 아니야. 난자가 아직 준비되지 않았거나 정자가 콘돔에 갇혀서 수정이 되지 않을 때가 많거든. 섹스를 할 때 임신이 되지 않는 이유는 여러 가지란다. 대부분의 사람들은 아기를 갖는 횟수보다 훨씬 더 자주 섹스를 해. 그야 섹스가 좋기 때문이지.

49

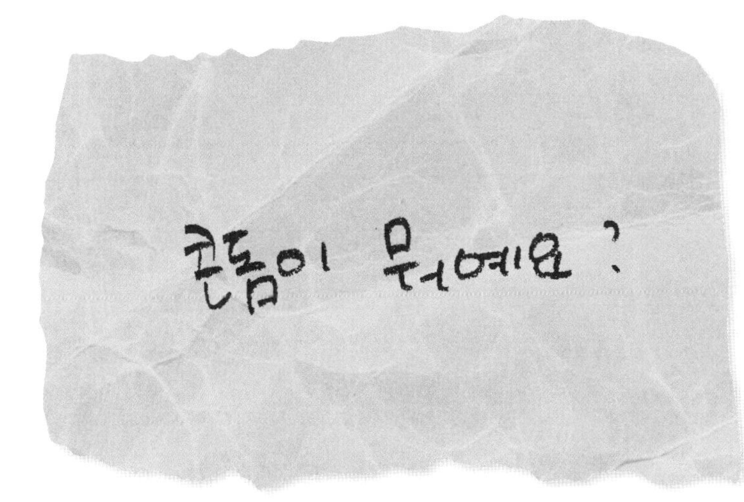

## 49 콘돔이 뭐예요?

콘돔은 아주 가느다랗고 얇은 고무로 만들어졌어. 불지 않은 길쭉한 풍선과 모양이 약간 비슷해. 섹스할 때 남자는 빳빳한 음경에 콘돔을 씌워. 그러면 음경 앞에서 나오는 정액이 콘돔에 갇혀서 여자의 질 안으로 들어갈 수 없어. 그러니까 임신을 원하지 않는 연인들은 콘돔을 사용하면 돼. 또 콘돔은 섹스를 통해서 전염되는 질병을 안전하게 막아 주기도 하지. 음경은 사람마다 다 다르기 때문에 콘돔의 크기도 다양해.

50

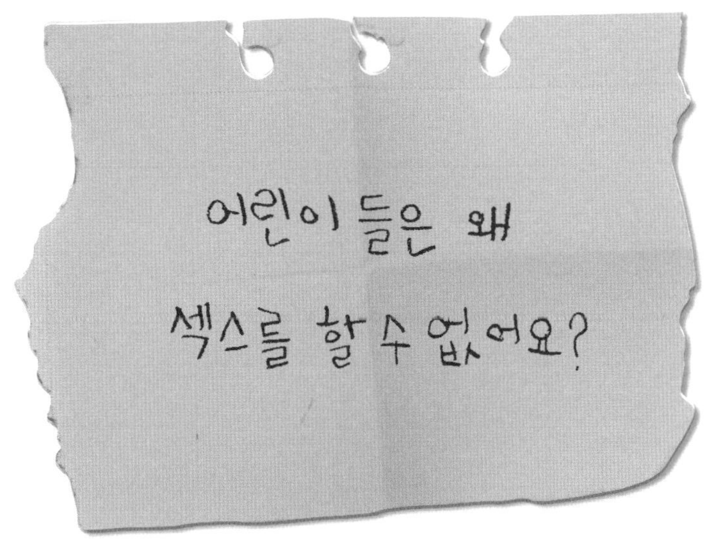

## 50 어린이들은 왜 섹스를 할 수 없어요?

어린이는 섹스나 성교에 대한 욕구가 없어. 나중에 사춘기가 와서 청소년이나 어른이 되면 성욕이 생길 거야. 하지만 아이들도 서로 꼭 끌어안거나 쓰다듬거나 이불 속에서 간질이는 것을 좋아하는 경우는 많아. 사람들이 서로에 대한 애정을 표현하는 방법은 이처럼 무척 다양하단다.

51

물속에서도

섹스를 할 수 있어요?

## 51 물속에서도 섹스를 할 수 있어요?

응, 물속에서도 섹스를 할 수 있어. 그런데 숨을 쉬지 않고 오래 참을 수 있어야 가능할걸! 사실 섹스는 어디서나 할 수 있어. 식탁 아래서도, 해변에서도, 차고 지붕 위에서도, 욕조에서도, 자동차 안에서도, 지하실 선반들 사이에서도 할 수 있지. 무엇보다 가장 중요한 건 올바른 사람과 올바른 장소에 있다는 느낌이야. 단, 다른 사람들의 기분을 상하게 하거나 방해가 되지 않는 곳을 골라야 한단다.

52

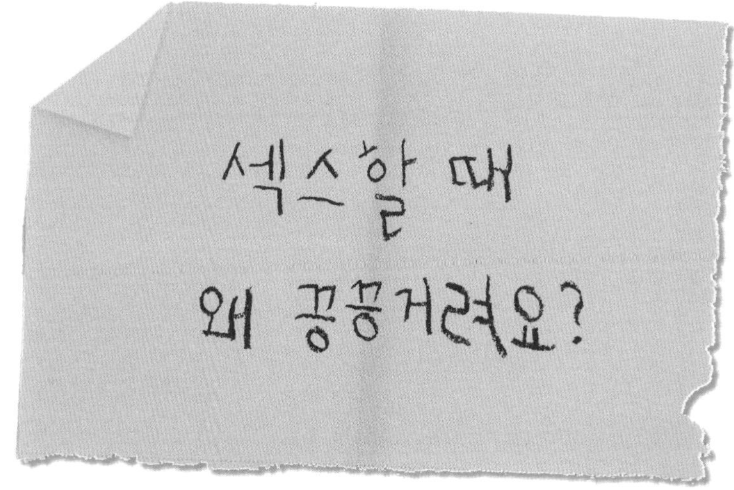

## 52 섹스할 때에 왜 끙끙거려요?

섹스가 진짜 멋지고 재미있는 일이라서 그래. 끙끙거릴 뿐 아니라 숨을 거칠게 내쉬거나 크게 고함을 지르는 사람도 많아. 그게 아프다는 뜻은 아니야. 오히려 반대지! 롤러코스터를 탈 때 너무 즐겁거나 흥분해서 환호성을 지르는 것과 비슷하다고 볼 수 있어.

## 53

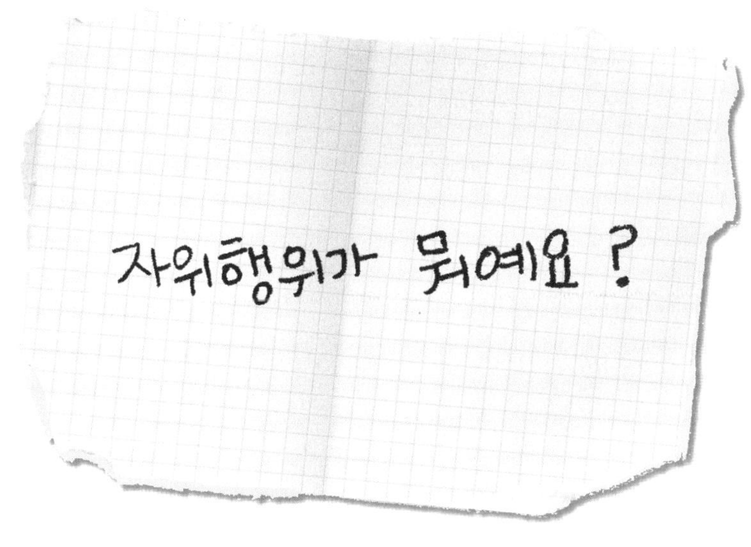

## 53 자위행위가 뭐예요?

자기 몸을 더 자세히 알고 싶어 하는 건 지극히 정상이고 좋은 일이야. 많은 사람들이 자기 몸에서 예민한 부분을 어루만지고 계속 쓰다듬으면서 편안함과 쾌감을 느낀단다. 예를 들면, 유방이나 음경과 질이 바로 그 예민한 부분이야. 이때 느끼는 멋진 즐거움이 더 강해지고 점점 더 커지면, 오르가슴이라고 불리는 '행복한 폭발'이 일어나게 돼. 사춘기에 이른 성숙한 남자아이나 남자 어른은 음경에서 정액이 나오고, 성숙한 여자아이나 여자 어른은 질이 축축해지지. 사람에 따라 자위행위에 대한 생각이 모두 달라서, 어떤 사람들은 자주 하고 또 어떤 사람들은 그럴 욕구를 느끼지 않아서 안 해. 어쨌든 자위행위는 무척 은밀한 일이야.

자위행위를 표현하는 말은 여러 가지인데, 마스터베이션하다, 문지르다, 주물럭거리다, 손으로 훑어 내리다 등이 있어.

**54**

왜 어떤 때는 임신이 되고,

어떤 때는 되지 않아요?

## 54 왜 어떤 때는 임신이 되고, 어떤 때는 되지 않아요?

여자가 임신을 하려면 여러 가지 요소가 모두 갖춰져야 해.

-여자의 난소에서 난자가 성숙해지고, 성숙해진 난자가 나팔관으로 나와야 해.

-이때 난자 가까이에 남자의 정자가 다가가야 하지. 난자가 정자와 만날 수 있는 기간은 한 달에 겨우 몇 시간뿐이야.

-정자는 아주 빨리 헤엄쳐야 해, 난자와 만나서 수정되려면 말이야.

-정자와 난자가 합쳐져 이루어진 수정란은 자궁 점막에서 좋은 자리를 잡고 거기 머물러야 하지.

이런 요소들 중에 하나라도 어긋나면 엄마 배 속에 아기가 생기지 않아. 모든 요소가 제대로 갖춰지고 잘 이루어졌는데도 임신이 되지 않는 경우도 있는데, 그 이유는 아무도 몰라. 그래서 아이를 원하는 커플이 매달 다시 슬퍼지기도 해.

55

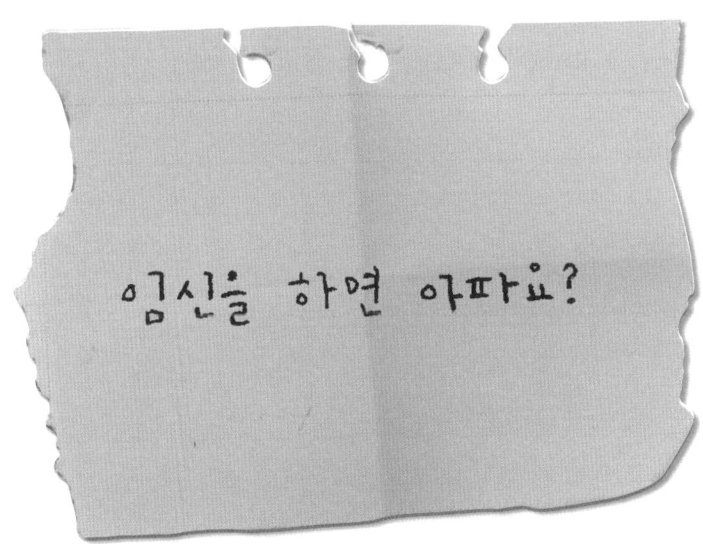

## 55 임신을 하면 아파요?

아니, 임신은 아픈 게 아니야. 하지만 배 속에 아기가 없을 때와는 달라서 모든 일을 쉽게 할 수 없다고 느낄 때도 이따금 있어. 임신하고 처음 몇 주 동안은 구역질이 나기도 해. 그리고 몸도 많이 변해. 유방이 커지고 배도 점점 더 많이 나오거든. 아기가 계속 커 갈수록 공간이 필요해서 엄마의 배가 커지는 거야. 배가 나올수록 허리가 아프고 계단을 오르는 게 힘들어지기도 한단다. 또 배 속의 아기가 움직이거나 걷어차는 것도 느낄 수 있어. 이런 일들이 좀 불편하고 힘들 수 있어.

56

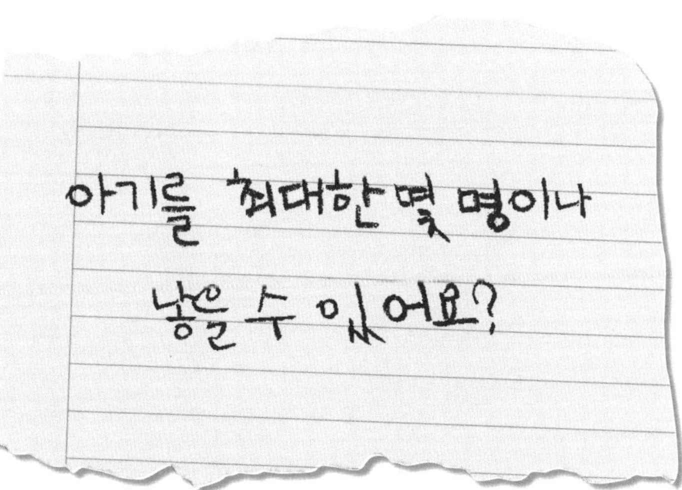

## 56 아기를 최대한 몇 명이나 낳을 수 있어요?

300년쯤 전에 러시아에서 살았던 어떤 여자는 27번 임신해서 자식을 69명이나 낳았어. 쌍둥이를 16번, 세쌍둥이를 7번, 네쌍둥이를 4번 낳았다고 해. 이게 세계 최고 기록이야. 요즘 독일에서 자녀가 15명 이상인 가정은 무척 드물어.(*한국도 마찬가지야.)

남자는 평생 살면서 여자보다 훨씬, 훨씬 더 많은 아이를 얻을 수 있어. 남자는 임신을 하지 않으니까 아기가 배 속에서 자라서 태어나기까지 약 9개월의 시간을 기다릴 필요가 없거든. 그러니까 남자는 이를테면 여러 여자와 섹스를 해서, 여러 명의 자녀를 얻을 수도 있다는 말이지. 옛날에 '물라이 이스마일'이라는 모로코 왕자가 500명이나 되는 여자와의 사이에서 850명이 넘는 아이를 얻었다는 전설 같은 이야기가 전해진단다.

57

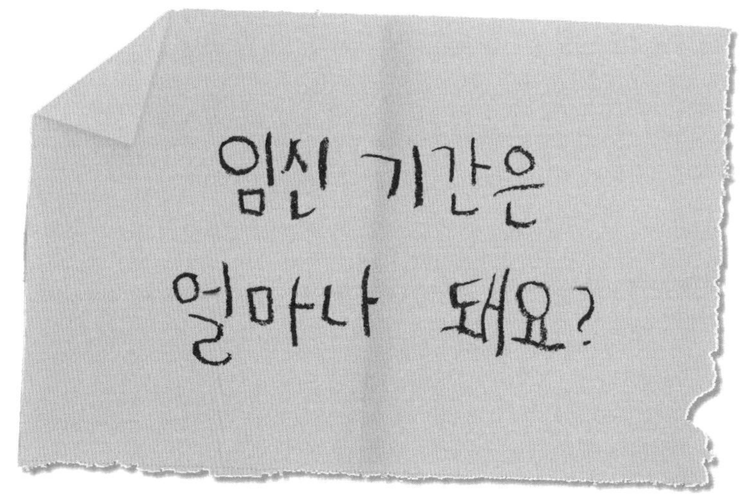

## 57 임신 기간은 얼마나 돼요?

임신 기간은 약 9개월, 더 정확히 말하면 40주야. 이 기간 동안 아주 작은 정자와 난자가 서로 합쳐져서 사람의 형태를 갖추지. 아기가 좀 일찍 태어나거나 며칠 늦게 태어나는 일도 가끔 있어. 그래서 출산하는 시기가 언제가 될지를 아주 정확하게 알 수는 없단다.

58

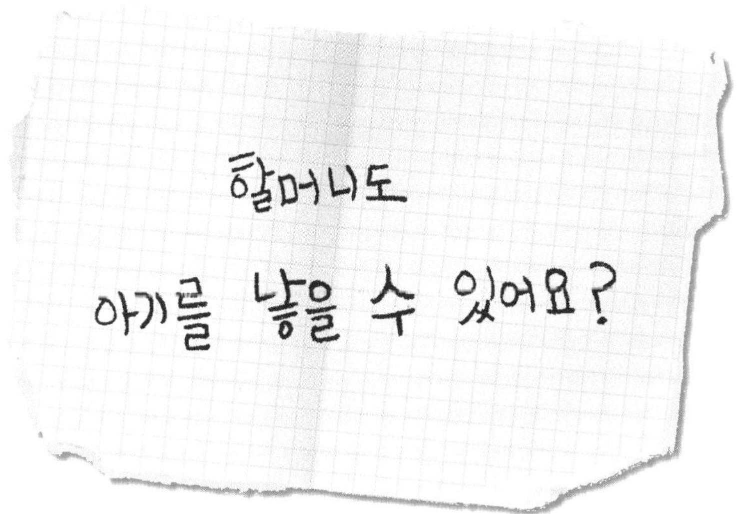

## 58 할머니도 아기를 낳을 수 있어요?

할머니 나이가 몇 살인지, 배 속에서 지금도 난자가 성숙할 수 있는지에 달려 있어.

여자아이의 몸은 사춘기에 이르면 난자가 성숙해지기 시작해. 성숙해진 난자가 다달이 한 개씩 나오는 일이 오랫동안 계속되지. 그러다가 대략 45세에서 55세 사이 어느 때가 되면 더 이상 난자를 성숙시키지 않아. 이렇게 몸이 변하는 시기를 '갱년기'라고 해. 할머니가 아직 꽤 젊다면, 갱년기를 맞이하기 전이라면 임신을 하고 아기를 낳을 수 있어. 그럼 갓난아기가 손자와 손녀의 고모나 이모 또는 삼촌이 되는 거야. 재미있지 않니?

남자들은 좀 달라. 남자의 몸은 사춘기가 되면 정자를 만들기 시작하는데, 정자 생산이 멈추는 일은 없어. 나이가 들면 정자의 수가 약간 줄기는 하지만 말이야. 그래서 나이가 아주 많은 남자, 할아버지도 아버지가 될 수 있지.

59

왜 유산이 돼요?

## 59 왜 유산이 돼요?

임신한 여자들이 모두 9개월 뒤에 아기를 낳을 수 있는 건 아니야. 태아가 엄마 배 속에서 제대로 자라지 못하는 일도 가끔 있거든. 큰 문제가 생기면 아기는 세상에 나오기 전에 죽고 만단다. 어떤 아기는 너무 일찍 태어나기도 해. 일찍 태어난 아기는 너무 작아서 살아남기 힘들어.

유산과 조산은 부모에게 아주 힘든 일이야. 기쁜 마음으로 태어날 아기를 기다리고 있는데 닥치는 불행이니까. 하지만 이런 일을 겪더라도 대부분의 여자들은 다시 임신을 하고 건강한 아이를 출산할 수 있어.

60

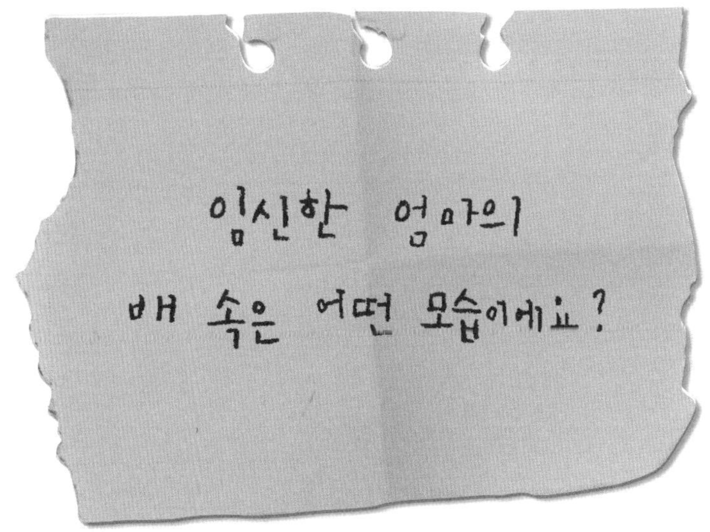

## 60 임신한 엄마의 배 속은 어떤 모습이에요?

엄마 배 속에 있는 아기는 처음에는 작은 세포 덩어리야. 작은 세포 덩어리가 점점 커지고 또 커져서 머리와 몸, 팔다리를 갖춘 사람으로 형태가 잡혀 가지. 임신의 여러 단계마다 찍은 초음파 사진들을 통해 엄마 배 속에 있는 아기의 모습을 확인할 수 있어. 태아는 처음 몇 달 동안은 외계인처럼 보여! 하지만 임신 후기에 이르면 쑥쑥 자라서 어엿한 사람이 된 아기가 보이지. 다만 계속 양수에 잠긴 채로 자궁에 꼭 웅크리고 있다 보니 피부가 약간 쪼글쪼글해.

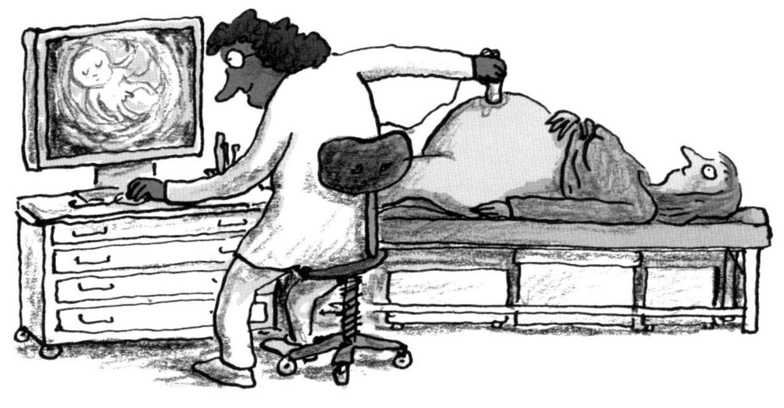

61

임신하고 몇 달쯤 되면
아기가남자인지 여자인지
알수 있어요?

## 61 임신하고 몇 달쯤 되면 아기가 남자인지 여자인지 알 수 있어요?

임신 중반, 그러니까 임신 4개월이나 5개월쯤 되면 의사들은 아기의 성별을 상당히 정확하게 알 수 있어. 초음파 기기로 몸 밖에서 자궁 안을 관찰할 수 있거든. 운이 좋아서 아기가 잘 협조해 준다면 아기의 다리 사이에 고환이나 음경이 있는지 아니면 음순이 있는지 보여. 그런데 아기의 성별은 말이야, 수정하는 순간에 이미 정해졌어. 다시 말해서 엄마의 난자가 아빠의 정자와 하나가 될 때 정해진다는 뜻이야. 이 수정에서 얼마나 멋진 화합이 이루어지는지는 정말로 완벽하게 우연에 달려 있어.

62

배 속의 아기도
방귀를 뀌나요?

## 62 배 속의 아기도 방귀를 뀌나요?

아니, 엄마 배 속의 아기는 방귀를 뀌지 못해. 태아는 위장이 아직 작동하지 않아서, 가스가 배에 차지 않기 때문이야. 방귀로 밀어내야 할 가스가 아예 없는 거지. 그런데 태아가 양수를 마시고 오줌을 누기는 해.

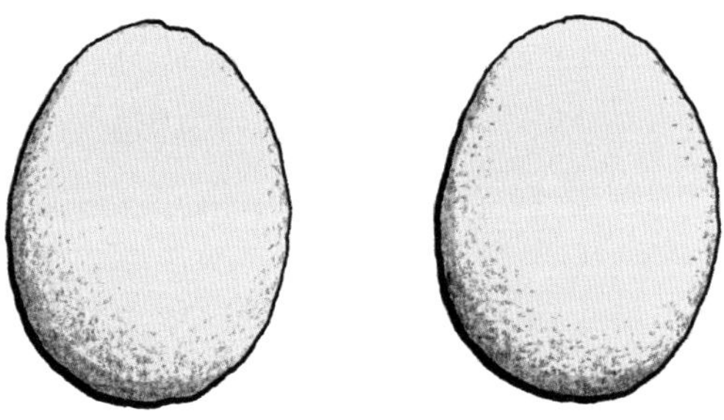

**63**

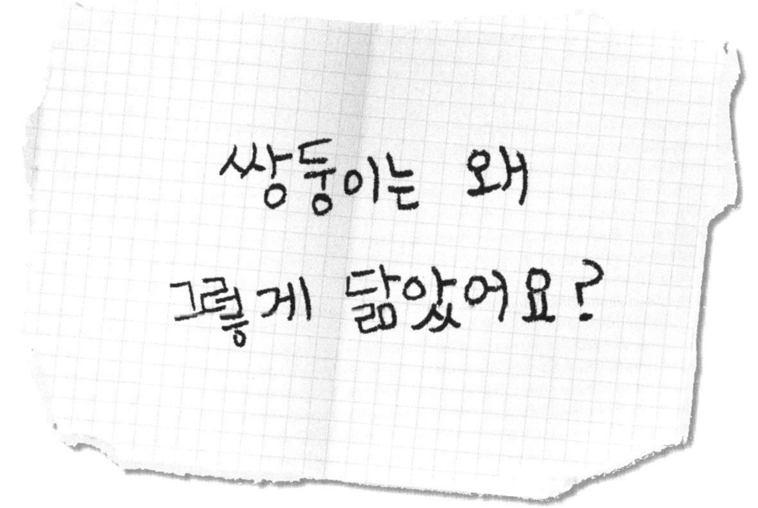

## 63 쌍둥이는 왜 그렇게 닮았어요?

쌍둥이들은 헷갈릴 만큼 닮은 경우가 무척 많지. 왜냐하면 쌍둥이는 한 개의 수정란에서 생겨난 두 사람이기 때문이야. 다른 사람들처럼 수정란 한 개가 태아 '한 명'으로 성장하지 않았다는 말이야. 수정란이 한 번 더 나뉘어서 똑같은 두 개가 되어 두 사람으로 자란 거지. 그래서 이런 쌍둥이들은 얼굴과 머리카락 색깔, 코의 형태 등등 외모 특징이 똑같아. 지문 말고는 전혀 구별이 안 되는 쌍둥이도 있어. 이처럼 꼭 닮은 쌍둥이를 일란성 쌍둥이라고 한단다.

외모가 똑같지 않은 이란성 쌍둥이도 있어. 두 개의 정자가 서로 다른 두 개의 난자를 만나서 따로따로 수정란이 된 경우야. 이란성 쌍둥이의 외모는 완전히 다르기도 하고 무척 비슷하기도 해. 보통의 형제자매들과 마찬가지야.

**64**

아기를 낳을 때는
왜 그렇게 아파요?

## 64 아기를 낳을 때는 왜 그렇게 아파요?

출산할 때가 되면 아기를 바깥으로 내보내기 위해 자궁 근육이 단단하게 수축하기를 반복해. 이 과정을 진통(또는 산통)이라고 불러. 진통은 굉장히 아프고, 출산의 마지막 단계에 이르면 특히 어마어마하게 힘들어. 하지만 엄마가 이 막대한 통증을 가만히 견디는 수밖에 없는 건 아니야. 심호흡을 하고 자세를 조절하면 진통을 더 잘 견뎌 낼 수 있어.

또 한 가지 분명한 사실은 진통이 언젠가는 끝난다는 것이지. 엄마들은 알고 있어. 이 고통이 지나가고 나면 드디어 아이를 품에 안게 된다는 걸 말이야! 출산할 때 진통이 너무 심하면 통증을 덜어 주는 주사를 맞을 수도 있어.

65

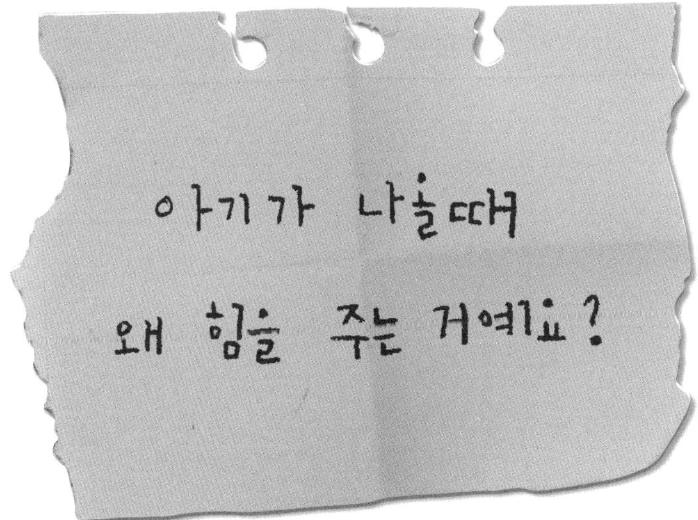

## 65 아기가 나올 때 왜 힘을 주는 거예요?

아기는 태어날 때 좁고 힘든 길을 빠져나와야 해. 그걸 돕기 위해서 먼저, 엄마의 몸이 저절로 아기를 내보낼 준비를 하지. 자궁 근육이 수축하면서 아이 머리를 자궁문 방향으로 밀어내기를 계속하는 거야. 이 과정에서 엄마가 느끼는 아픔이 진통이지. 출산 과정의 마지막 30분쯤에는 아기를 몸 밖으로 밀어내는 '마지막 힘주기' 단계에 이른단다. 이때 엄마들은 없는 힘도 짜낼 만큼 힘껏 힘주어야만 해. 화장실 변기에 앉아서 힘을 주면서 무진장 굵은 똥을 밀어낼 때와 조금 비슷한 느낌이기도 해.

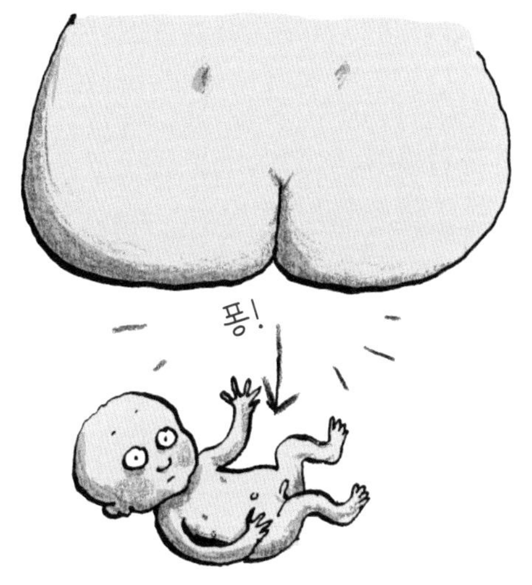


66

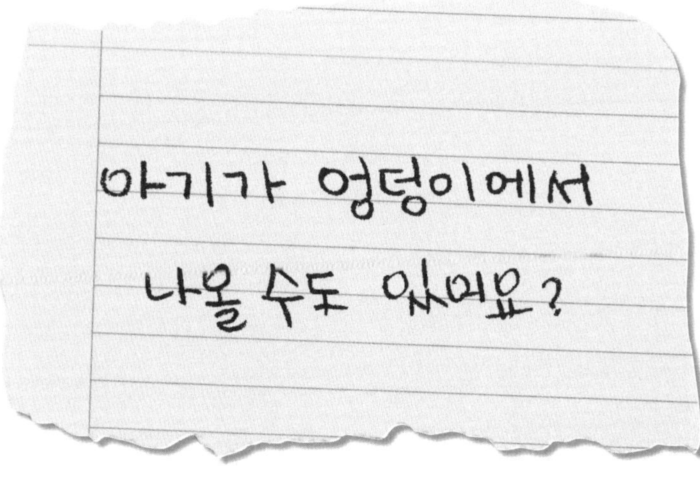

## 66 아기가 엉덩이에서 나올 수도 있어요?

아니, 엉덩이는 아니야! 똥구멍, 그러니까 점잖은 말로 '항문'은 사람을 비롯한 포유류의 장 끝에 있어. 그러니 거기로는 똥만 나와. 알다시피 아기는 여자의 자궁에서 자라. 그리고 자궁과 똥구멍은 연결되어 있지 않아. 자궁에서 밖으로 나오는 길은 질 구멍뿐이야.

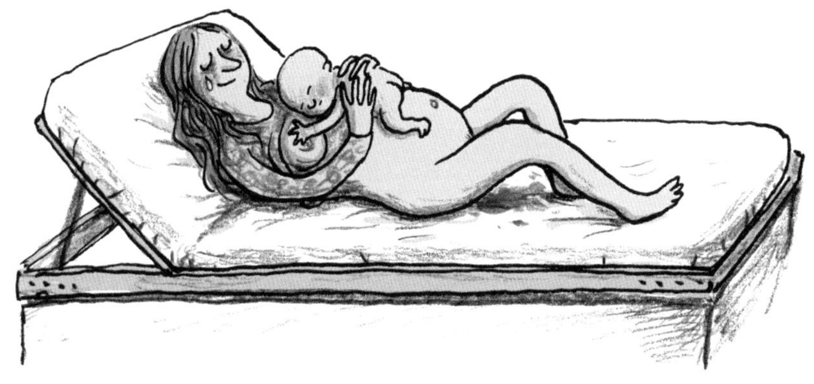

67

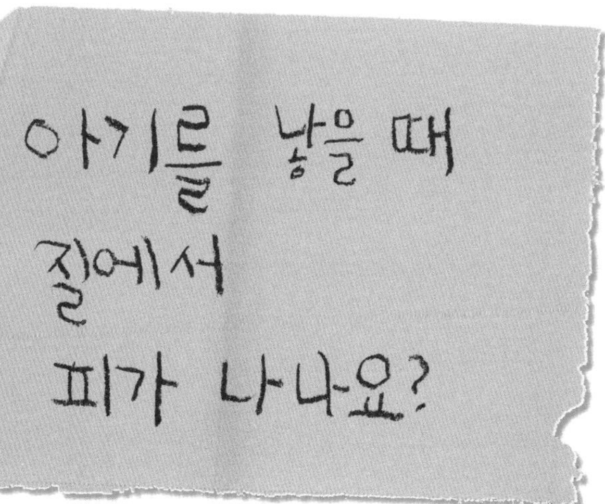

## 67 아기를 낳을 때 질에서 피가 나나요?

대부분의 경우에는 아기를 낳을 때 피가 거의 나지 않아.

아기는 태어날 때, 좁은 산도를 비집고 나오게 돼. 이때 질을 통해서 소량의 피나 피가 섞인 점액이 양수와 함께 밖으로 나오기도 해. 엄마가 아기를 낳고 시간이 조금 지나면 태반도 질로 나와. 태반은 출산할 때까지 태아에게 피와 영양분을 공급하고 노폐물을 내보내 주는 기관이야. 이제 필요 없으니 몸 밖으로 나오는 거지. 태반이 나올 때는 피가 좀 더 많이 보이기도 해.

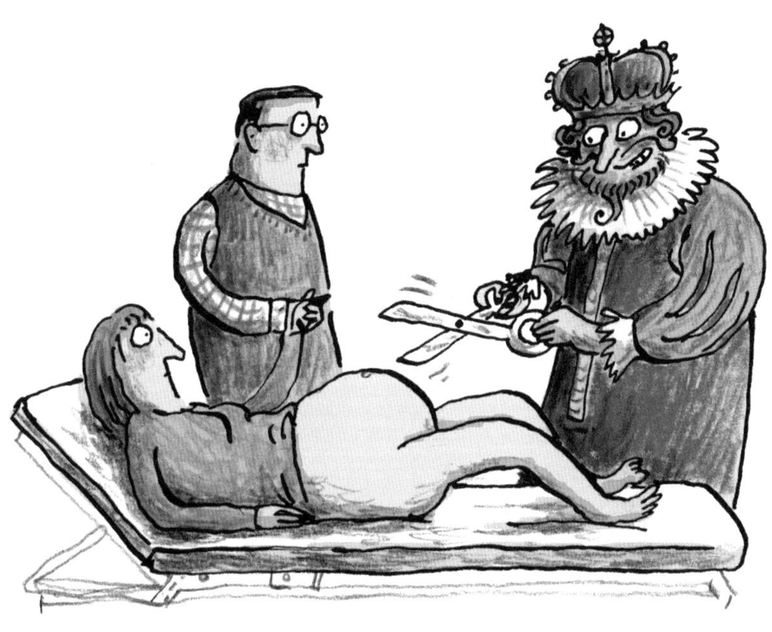

**68**

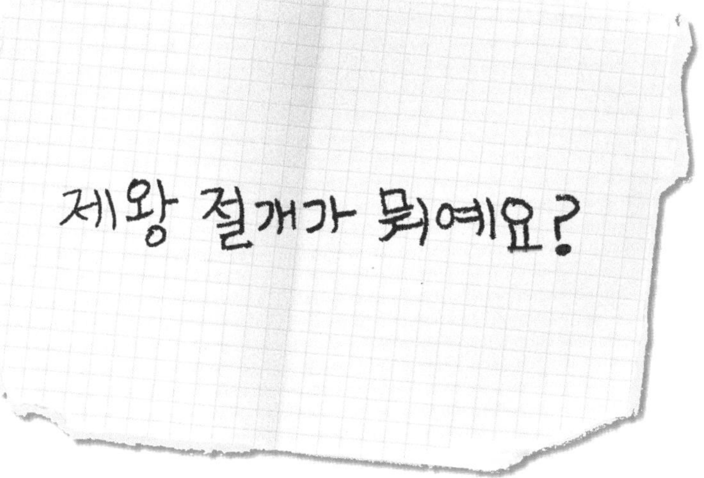

## 68 제왕 절개가 뭐예요?

출산을 막 앞두었는데, 배 속의 아기가 거꾸로 있거나 너무 커서 질을 통해 나올 수 없으면 제왕 절개 수술을 해. '절개'라는 말대로 배와 자궁의 일부를 가르는 수술이야. 아기를 배에서 꺼내고 탯줄을 자른 뒤에 엄마의 자궁을 봉합해서 배를 다시 꿰매. '제왕 절개'라는 말은 이 수술로 태어난 첫 번째 사람이 왕이 되었기 때문에 붙은 이름이라고 해.

69

아기가 나올 때까지
시간은 얼마나 걸려요?

## 69 아기가 나올 때까지 시간은 얼마나 걸려요?

출산에 걸리는 시간은 경우에 따라 달라서 무척 다양해. 몇 시간씩, 오랫동안 진통을 겪다가 하루를 넘긴 뒤에야 아이를 낳는 여자들도 있어. 반면에 아기가 질에서 금방 나와서 빠르게 출산하는 사람도 있지. 병원으로 가는 자동차 안에서 아기를 낳는 경우도 있어. 그래서 출산하는 데 시간이 얼마나 걸린다고 미리 말할 수는 없어.

70

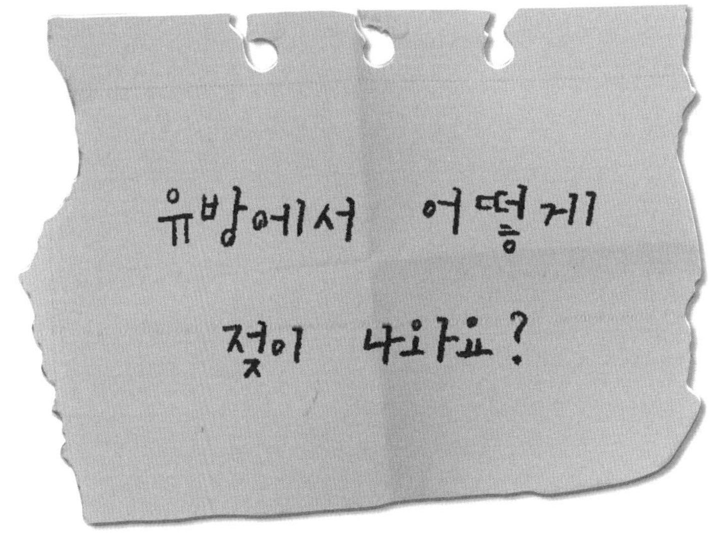

## 70 유방에서 어떻게 젖이 나와요?

여자의 유방은 젖이 나오는 샘이야. 유방은 여러 감각 신경과 지방 조직, 유선(젖샘)으로 이루어져 있어. 유선은 안쪽에서 젖꼭지까지 유방 전체에 잔 나뭇가지처럼 뻗어 있지. 이 유선은 처음에는 작고 눈에 띄지 않아. 평소에는 필요하지 않으니까. 하지만 여자가 임신을 하면 유선은 점점 더 커지고 가지를 더 많이 뻗어. 그러다가 아기가 태어나서 엄마의 젖꼭지를 힘차게 빨면 유선에서 젖이 만들어진단다. 그렇게 나오는 젖으로 아기를 먹여 키울 수 있게 되는 거야.

71

아기는 태어나서
똑똑해지는 거예요?

## 71 아기는 태어나서 똑똑해지는 거예요?

아기의 뇌는 태어나면서부터 잘 작동해. 뇌는 사람이 똑똑해지기 위해 꼭 필요한 토대야. 태어나고 처음 몇 시간 동안에 벌써 아기의 뇌는 최대한으로 능력을 발휘하면서 새로운 것을 계속 배워. 아이들이 처음부터 똑똑하게 태어나는 건 아닌 셈이야. 그렇지만 많이 배우고 많이 보고 많이 경험하면서 아이들은 점점 더 똑똑해진단다.

72

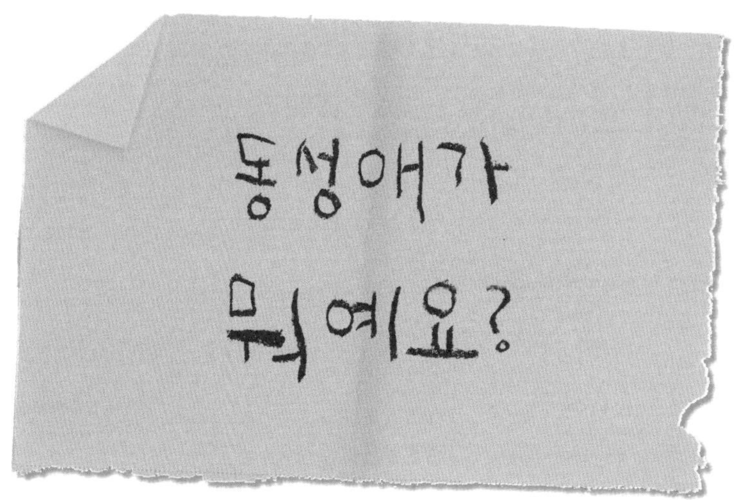

## 72 동성애가 뭐예요?

'동성'이란 성이 같다는 말이야. 그러니까 동성애는 성이 같은 사람끼리 사랑한다는 뜻이지.

자기랑 성이 같은 사람을 사랑한다면 그 사람은 동성애자야. 동성애자를 통틀어서 게이라고 말할 수 있어. 남자만 사랑하는 남자를 게이라고 불러. 여자만 사랑하는 여자는 레즈비언이라고도 하지. 동성을 사랑하는 성향은 아주 일찍부터 정해져. 동성애자들은 다른 사람들이 안 좋게 볼까 봐 염려해서 자신의 성적 지향을 말할 엄두를 내지 못할 때가 많아. 분명한 사실은 사람은 모두 다르다는 거야. 왼손잡이와 오른손잡이가 있는 것처럼 게이와 레즈비언이 있고, 운동을 잘하는 사람과 못 하는 사람이 있고, 수줍음이 많은 사람과 그렇지 않은 사람이 있어. 여기서 가장 중요한 것은, 누구나 자신의 모습을 있는 그대로 편안하게 느끼는 거야!

73

여자가 여자랑,
남자가 남자랑 섹스할 때는
어떻게 해요?

## 73 여자가 여자랑, 남자가 남자랑 섹스할 때는 어떻게 해요?

음경이 없더라도, 음경을 질로 밀어 넣지 않고도 섹스는 얼마든지 가능해! 섹스란 사람들이 생각하는 것보다 훨씬 더 많은 걸 의미하기 때문이지. 남자와 여자, 남자와 남자, 여자와 여자는 키스하고 몸을 비비고 서로 쓰다듬을 수 있어. 유방과 엉덩이, 음경과 질을 어루만지면서 서로에게 쾌감을 주고, 오르가슴이라는 멋진 전율을 느끼지. 다시 말해서 레즈비언 여자들과 게이 남자들도 서로 사랑하고 서로를 느끼려는 모든 연인처럼 자기 파트너와 섹스를 해. 아마도 유일한 차이점은 섹스를 하면서 아이가 생기지 않는다는 것뿐일 거야.

레즈비언은 아기를 낳을 수 있어요?
게이는 아기를 낳을 수 있어요?

## 74 레즈비언은 아기를 낳을 수 있어요? 게이는 아기를 낳을 수 있어요?

성별이 같은 커플은 평범한 방법으로는 아기를 낳을 수 없어. 아기를 낳으려면 정자와 난자가 필요한데, 동성애자에게는 둘 중 하나가 없으니까. 하지만 동성애자 커플도 남의 아이를 입양하거나 가정 위탁을 해서 아이를 키울 수 있단다.

동성애자 커플이 자신들의 아이를 낳으려면 조금 복잡해져. 여성인 레즈비언 커플이 아이를 낳고 싶으면 아는 남자에게 정자를 달라고 부탁하거나 정자은행에서 정자를 구하는 방법이 있어. 남자인 게이 커플의 경우에는 여자에게 아이를 낳아 달라고 부탁하는 수가 있지. 이때 만약 부탁을 받은 여자도 동성애자고 자기 파트너와 함께 아이를 갖기를 원한다면, 아기의 부모님은 네 명이 되는 거야! 아이와 엄마 두 명과 아빠 두 명으로 이루어진 이런 가족을 '무지개 가족'이라고 불러.

## 75

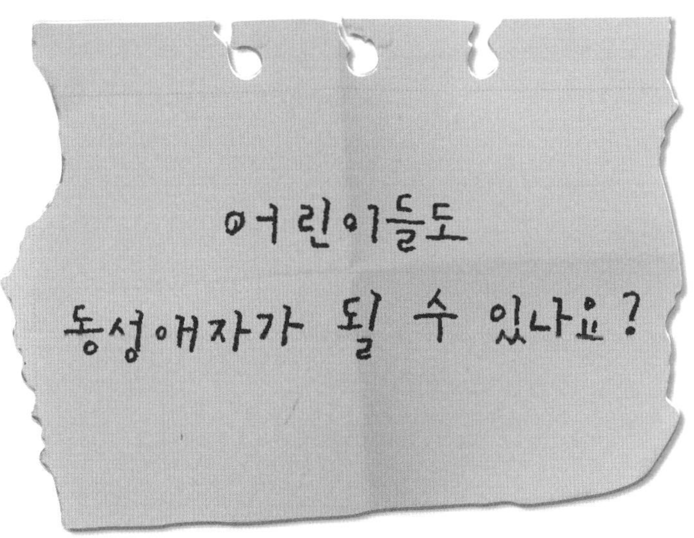

## 75 어린이들도 동성애자가 될 수 있나요?

대부분의 아이들은 사춘기가 되면 자기가 게이인지 아닌지 알게 돼. 일찌감치 아는 사람들도 많지만, 어떤 남자는 어른이 되고 나서야 자기가 남자만 사랑할 수 있다는 걸 깨닫기도 해. 그런데 남자아이 둘이 함께 많은 시간을 보내고, 끌어안고, 개인적인 비밀을 서로에게만 털어놓는다고 해도 그게 꼭 게이라는 뜻은 아니야. 그냥 가장 좋아하는 최고의 친구 사이일 수 있거든!

페터 클라우스

76

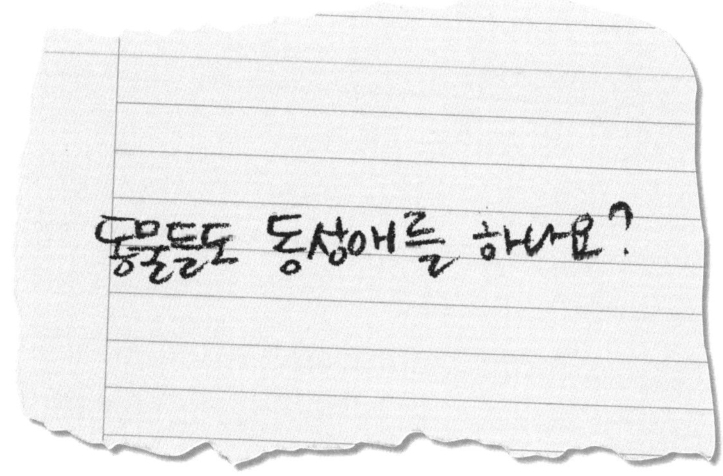

## 76 동물들도 동성애를 하나요?

동물학자들은 수많은 종류의 동물들을 관찰한 결과 수컷이 수컷과, 암컷이 암컷과 관계를 맺는 종이 많다는 사실을 알아냈어. 섹스를 하고 곧바로 헤어져 버리거나 몇 달에서 평생을 같이 살거나 하는 등의 차이는 있지만 말이야. 인간처럼 동물들의 사랑도 무척 다양해. 예를 들어 알을 함께 품고 부화시켜서 새끼를 기르는 '게이' 수컷 펭귄들이 있는가 하면, 암컷끼리 섹스를 즐기는 '레즈비언' 암컷 원숭이들도 있어. 동물들도 인간처럼 후손을 얻기 위해서만이 아니라 쾌감과 재미를 얻기 위해서 섹스를 한다고 볼 수 있어.

77

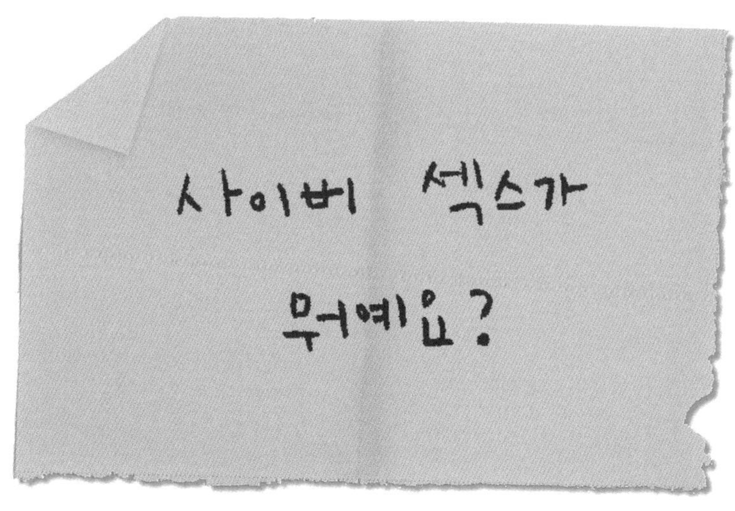

## 77 사이버 섹스가 뭐예요?

'사이버'는 인터넷과 관련해서 쓰이는 말이야. '사이버 섹스'란 인터넷으로 이루어지는 섹스지. 예를 들면 섹스에 대해서 말하거나 다른 사람과의 섹스를 상상해서 이야기하는 것을 인터넷을 통해 하는 거야. 인터넷으로 섹스하는 모습이 담긴 사진이나 영화를 보는 사람들도 많아. 그러니까 이런 사람들은 섹스를 하기 위해 누군가를 직접 만나는 대신에 컴퓨터 앞에 앉아 있어.

78

열한 살이나 열두 살에
아기를 낳는 건
안 좋은 일인가요?

## 78 열한 살이나 열두 살에 아기를 낳는 건 안 좋은 일인가요?

아주 드물긴 하지만, 그렇게 어린 여자아이가 아기를 낳았다는 소식이 신문에 날 때가 있어. 아기를 낳은 여자아이와 아기의 아빠에게는 무척 힘든 상황이지. 부모가 되었지만, 두 사람은 여전히 뛰어놀아야 할 어린 나이니까. 게다가 어린 여자아이는 아직 몸이 완전히 성장하기 전이라서 임신과 출산을 감당하는 것 자체가 무척 어려울 수 있어. 이런 경우에는 여자아이와 남자아이의 부모님이 아기를 책임지는 일이 흔해. 어린 부모의 부모님들이 아기를 돌보는 거지.

**79**

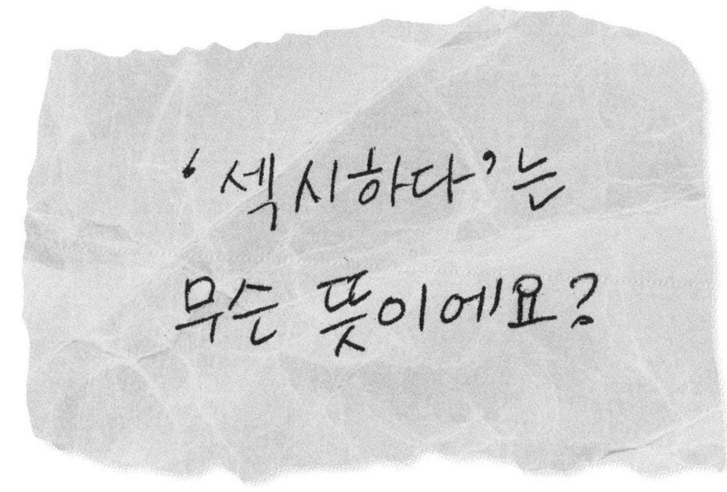

## 79 '섹시하다'는 무슨 뜻이에요?

누군가가 "저 사람, 참 섹시하다!"라고 말한다면, 그 사람을 무척 멋지고 매력적으로 생각한다는 뜻이야. 잘생긴 얼굴과 아름다운 몸매, 특별한 카리스마 등이 섹시함에 포함되지. '옷'도 섹시하다고 말할 수 있어. 예를 들면 몸에 딱 달라붙거나 아주 짧다거나 목둘레선이 깊이 파인 옷 등등 말이야. 그런데 '섹시하다'에 대한 생각은 사람마다 모두 달라. 살짝 벌어진 치아 틈새를 섹시하다고 생각하는 사람도 많고, 짧은 치마를 입은 긴 다리를 섹시하다고 느끼는 사람도 많이 있어. 거친 목소리라든지 입술 위에 있는 작은 점을 섹시하다고 생각하는 사람도 많지.

80

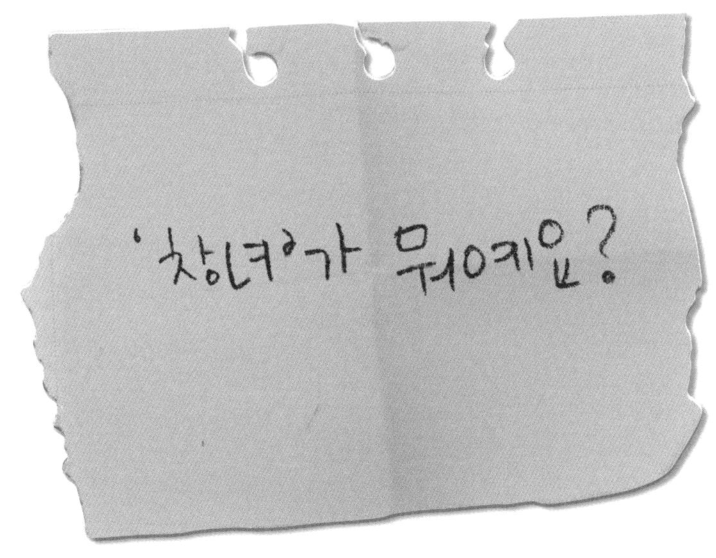

## 80 '창녀'가 뭐예요?

남자와 성행위를 해서 돈을 버는 여자를 일컫는 말로 쓰이곤 해. 그런데 '창녀'는 업신여기는 뜻이 있어서 모욕적인 말이야. 이제는 잘 쓰지 않아. 많은 사람들이 '매춘부'라고 말하는 게 더 낫다고 생각해. 그러나 그런 표현도 여전히 욕되다고 생각해서 아예 '성 노동자'로 부르자고 하는 사람들도 있어.

*우리나라에서는 성관계를 사고파는 성매매를 법으로 금지하고 있어. 한편 다른 나라에서는 성매매를 제한적으로 인정하거나 불법으로 여기지 않기도 해.

81

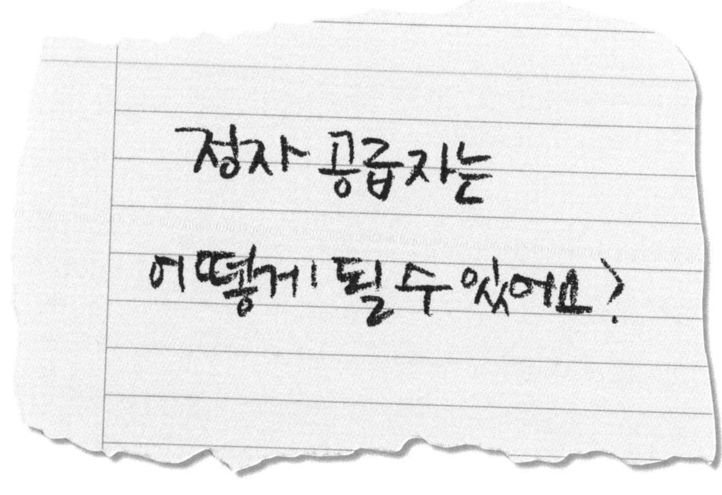

## 81 정자 공급자는 어떻게 될 수 있어요?

자기 정자를 파는 남자를 정자 공급자라고 해. 정자은행에서는 정자 공급자들이 내놓은 정자를 얼려서 모아 놓아. 정자은행은 의학 실험을 위해, 또는 의학 기술의 도움이 없이는 아이를 낳을 수 없는 커플을 위해서 정자를 보관한단다. 정자 공급자가 되고 싶다면 철저한 신체검사를 받아야 해. 몸이 아프면 안 되고, 정자의 품질도 무척 좋아야 하거든.

*우리나라에서는 정자를 기증할 수 있되 판매하지 못하도록 '생명윤리 및 안전에 관한 법률'로 정해 놓았어.

82

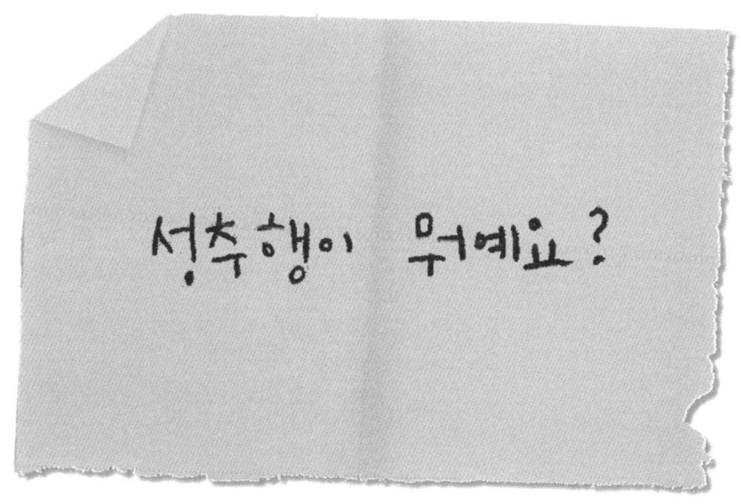

## 82 성추행이 뭐예요?

누군가가 너를 귀찮게 하면 너는 그 사람이 성가시고 불편할 거야. 그 사람을 떼어 낼 수 없으면 더욱더 부담스러워지겠지. 무슨 느낌인지 너도 아마 충분히 알 거야.

성추행은 이것보다 훨씬 더 심한 괴롭힘이야. 성추행이 뭔지 몇 가지 예를 들어 볼게.

-누군가가 계속 네 뒤를 따라다니면서 네가 아주 섹시하다고 말한다면 그건 성추행이야. 네가 그 말을 아주 싫어하는 걸 알면서도 계속한다면 말이야.

-누군가가 아무 이유도 없이 네 몸이나 섹스에 대해 말하고, 그래서 네가 불편해진다면 이것 역시 성추행이야.

-누군가 너에게 섹스하는 사람들의 사진이나 나체 사진을 보여 주는 것도 성추행이지.

-누군가가 네 허락을 받지 않고서 네 몸을 기분 나쁘게 만지는 것도 성추행이야.

네 느낌을 세심하게 살피는 것이 중요해. 네가 불편함을 느낀다면 믿을 만한 어른에게 그 이야기를 하고 도움을 청하는 게 좋아. 네가 성추행에 대처할 수 있도록 분명히 도와줄 테니까.

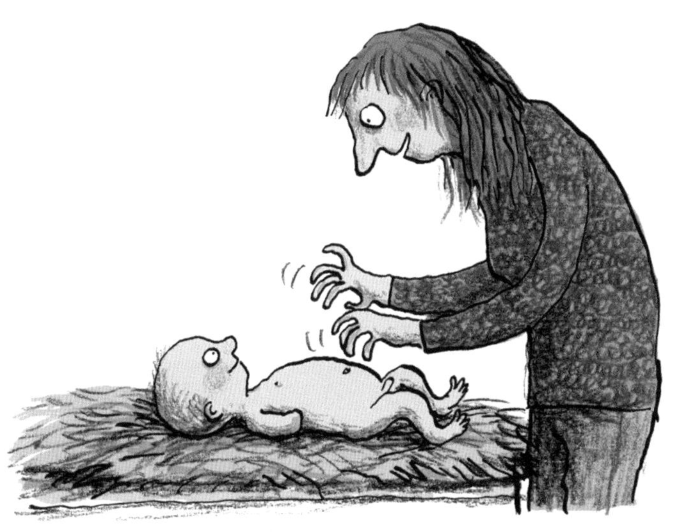

83

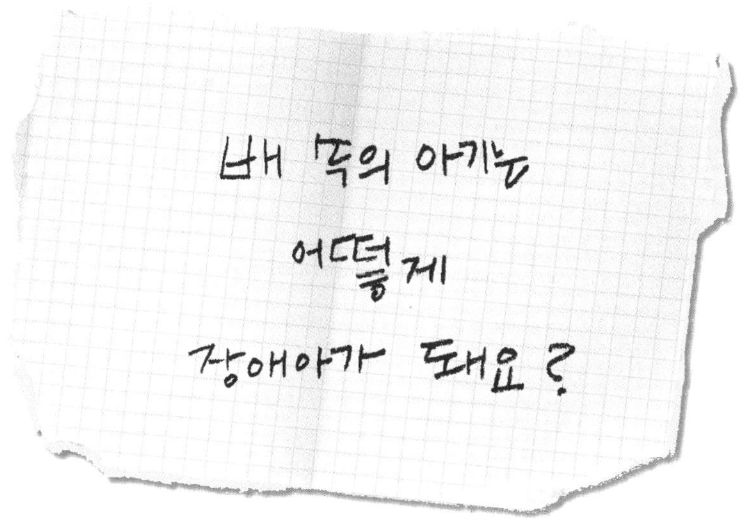

## 83 배 속의 아기는 어떻게 장애아가 돼요?

장애를 지니고 태어나는 아이들도 있어. 아기가 타고나는 장애의 종류는 다양하게 나타나.

-보거나 듣지 못한다.

-움직임을 제 힘으로 조절할 수 없다.

-다른 아이들처럼 건강하게 크지 못한다.

등등 많아.

이런 어려움을 겪게 되는 이유는 유전이기도 하고, 아기가 생길 때 뭔가 복잡한 문제가 일어났기 때문일 수도 있어. 또 아기가 태어날 때 산소가 너무 적게 공급되는 경우가 있어서 장애가 생기기도 해.

84

성인용품 가게는

뭐하는 곳이에요?

## 84 성인용품 가게는 뭐하는 곳이에요?

성인용품 가게는 섹스와 관련된 다양한 물건을 파는 상점이야. 섹스하는 모습을 보여 주는 영화와 잡지, 속옷과 콘돔이라든가, 그 밖에 섹스를 할 때 사용하는 여러 물품이 있지. 섹스 영화와 잡지와 책을 가리켜 포르노(포르노그래피)라고 부르기도 해. 성적 쾌락을 얻기 위해 포르노를 보는 어른도 많아. 하지만 포르노에서 보여 주는 섹스는 대부분이 현실과 다르게 꾸며진 거야. 아이들과 청소년은 포르노를 보면 안 되고 성인용품 가게에도 갈 수 없어!

**85**

임신을 했는데
아기를 낳고 싶지 않으면
어떡해요?

## 85 임신을 했는데 아기를 낳고 싶지 않으면 어떡해요?

드물긴 하지만, 임신한 예비 엄마 중에는 아이와 함께 어떻게 살아가야 할지 너무나 막막한 사람도 있어. 아마도 아이를 제대로 돌볼 수 없을까 봐 불안하거나 다른 걱정거리와 문제가 이미 많아서 막막한지도 모르지. 그러면 다른 임신부들처럼 임신해서 무척 행복한 게 아니라 절망에 빠지기도 한단다. 이런 경우에는 자기 문제와 감정에 대해 이야기를 나눌 수 있는 믿을 만한 사람을 찾는 게 중요해. 연인이나 좋은 친구, 또는 의사가 대화 상대가 될 수 있겠지. 상담소를 찾아가서 조언을 구할 수도 있어. 이렇게 상담을 하고 나면 다시 용기를 얻을 수 있을 거야. 하지만 출산한 뒤에 아이를 더 잘 돌봐 줄 다른 부모에게 맡기는 방법을 선택할 수도 있지. 아기를 가정 위탁이나 입양을 보내는 거야. 한편으로 낙태 말고는 다른 길이 없다고 생각할 수도 있어. 하지만 낙태 수술은 임신 초기의 몇 주 동안 특별한 경우에만 가능해.

어쨌든 이런 상황에서는 임신부가 어떤 결정을 하든지 무척 힘들어.

86

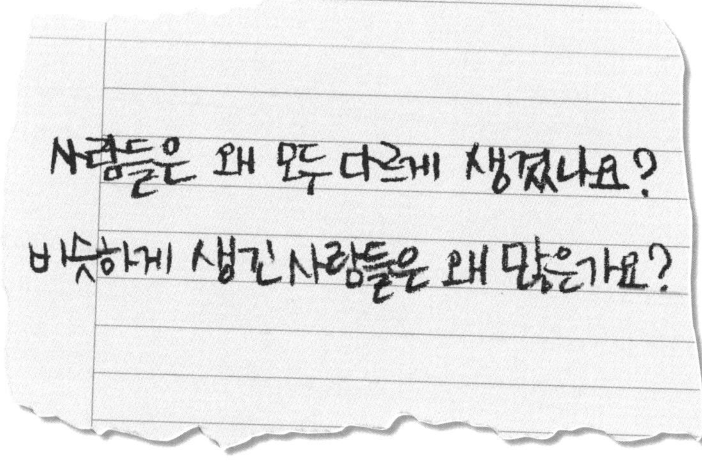

## 86 사람들은 왜 모두 다르게 생겼나요? 비슷하게 생긴 사람들은 왜 많은가요?

너는 이 세상에 오직 한 명뿐이야! 정말이야. 왜냐하면 너는 네 어머니의 특정한 난자가 네 아버지의 특정한 정자와 만나서 하나로 합쳐져서 생겨났거든. 그때 만약 난자가 다른 정자와 결합했더라면 네가 아닌 다른 아기가 태어났을 거야.

네 부모님의 난자와 정자는 각각 특정한 유전 정보를 지녔어. 예를 들어 파란 눈동자와 휜 코와 커다란 발과 같은 특징 말이야. 이런 유전 정보는 부모의 난자와 정자가 수정될 때 이미 자식에게로 전달돼. 그래서 한 가족은 서로 닮아 있는 거야.

87

지금까지 섹스를 한 사람들은

얼마나 돼요?

## 87 지금까지 섹스를 한 사람들은 얼마나 돼요?

얼마나 자주 섹스를 하고, 누구와 섹스를 했는지 목록을 만들어야 하는 사람은 아무도 없어. 하지만 그런 목록이 있다면 네 질문에 대답하기 쉬웠을 거야!

섹스는 인간이 인간일 수 있는 조건에 포함돼. 섹스가 없었다면 우리도 없을 테니까. 인간이 섹스를 하는 이유는 성적 쾌감을 느끼며 즐기기 위해서이기도 하고, 아이를 갖고 싶기 때문이기도 해. 하지만 이와 동시에 평생 섹스하지 않고 사는 사람들도 있어.

지금까지 지구에는 약 1,100억 명이 살았어. 그중에서 평생 섹스를 하지 않았거나 하지 않을 소수의 사람은 빼야겠지. 그 나머지만 해도 섹스를 한 사람은…… 어마어마하게 많아!

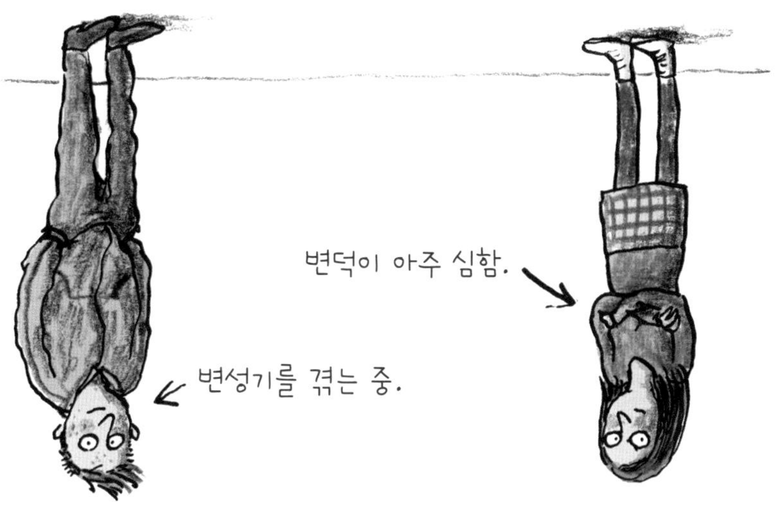


88

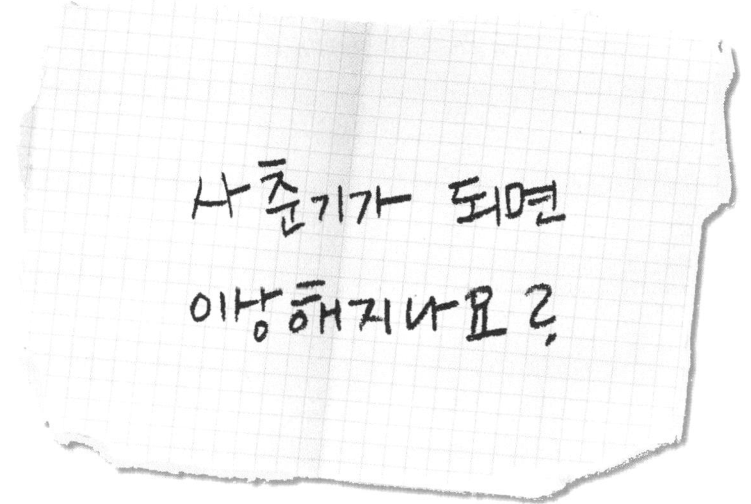

## 88 사춘기가 되면 이상해지나요?

'이상하다'는 말은 사춘기에 새롭고 색다른 일을 많이 겪는 느낌을 나타내기에 딱 알맞은 표현이야. 사춘기에 이르면 여자아이들은 처음으로 월경을 하고, 남자아이들은 처음으로 사정을 해. 이러면서 서서히 어른의 몸으로 변하는 거야. 이제 더 이상 어린이가 아니라는 느낌이 들지만 아직 어른 대접을 받지는 못해. 이상하게 기쁘거나 이상하게 화가 나고, 이상하게 긴장하거나 이상하게 불안하고, 이상하게 재미있거나 이상하게 절망해. 사춘기에 겪는 느낌은 사람마다 다르고 또 매일 달라. 참 이상하지!

89

# 성폭행이 뭐예요?

## 89 성폭행이 뭐예요?

성폭행이라는 단어에는 '폭력'이라는 말이 들어 있어. 성폭행은 누군가에게 폭력을 사용해서 억지로 섹스를 하게 만드는 거야.

섹스는 우리 모두에게 아주 은밀한 일이야. 우리 각자가 스스로 결정할 수 있을 뿐 아니라 스스로 결정해야 하는 일이지. 다른 사람에게 섹스를 강요할 권리는 그 누구도 없어! 다른 사람을 성폭행한다면 무거운 벌을 받고 교도소에 가야 해.

90

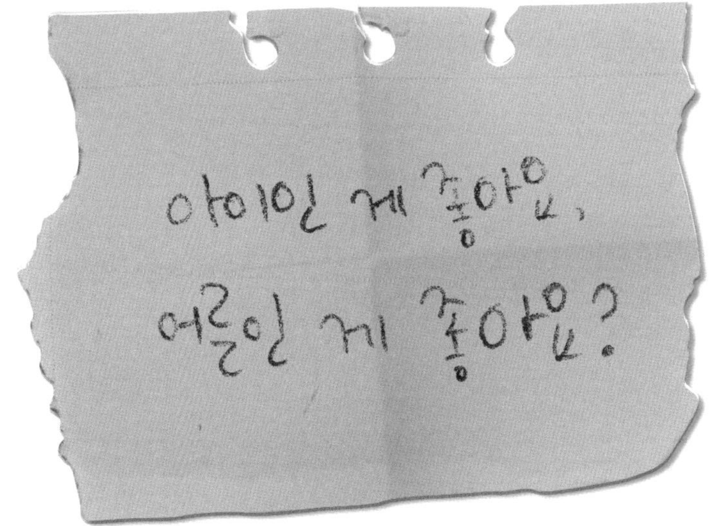

## 90 아이인 게 좋아요, 어른인 게 좋아요?

아이는 아마 어른이 더 좋다고 대답할 거야. 어른이면 언제 자러 갈지, 어떤 영화를 볼지, 이를 몇 번이나 닦을지 스스로 결정할 수 있으니까. 그럼 낙원이 따로 없겠지!

하지만 어른은 모든 것을 직접 결정하고 계획하지 않아도 되던 어린 시절이 좋았다고 추억할지도 몰라. 뛰어다니며 시끄럽게 소리 지르고 장난치던, 노느라 시간 가는 줄도 모르던 아름다운 어린 시절 말이야. 아마도 가장 좋은 것은 아이로서 느끼는 감정을 잘 기억하는 거야. 그러면 어른이 되어서도 아이와 어른, 양쪽의 뭔가를 가지고 있게 될 테니까.

91

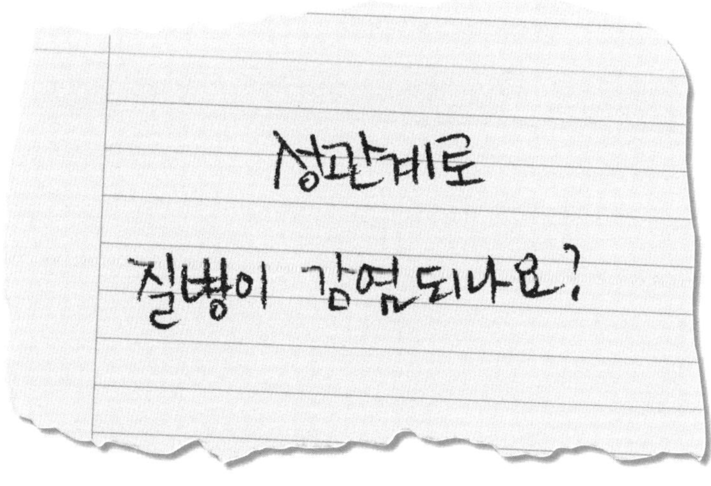

## 91 성관계로 질병이 감염되나요?

심한 감기에 걸린 사람이 너를 향해 기침을 한다면 너에게도 감기가 옮을지도 몰라. 전염성 있는 바이러스와 박테리아가 병을 옮기는 원인이야. 섹스를 할 때도 특정한 바이러스나 박테리아가 한 사람의 몸에서 다른 사람 몸으로 옮겨 갈 수가 있어. 이미 전염되어 병원체를 가지고 있는 사람은 또 다른 사람에게 병을 옮길 수 있어. 성관계로 전염되는 위험한 바이러스 가운데 한 가지는 인간 면역 결핍 바이러스(HIV)야. 이 바이러스는 에이즈라는 질병을 일으키는데, 에이즈는 현재로서는 완전히 치료할 수 없단다.

질병을 예방하려면 음경에 씌우는 콘돔을 사용하는 게 좋아. 그러면 에이즈를 일으키는 바이러스도 한 사람에게서 다른 사람의 몸으로 옮겨 가지 않아. 한편 오랫동안 함께 하면서 건강하고 바람을 피우지 않으며 서로에게 책임감 있게 살아 온 커플이라면 섹스할 때 질병의 감염을 예방하기 위해 애쓰지 않아도 괜찮아.

92

# 여드름은 왜 나요?

## 92 여드름은 왜 나요?

여자아이든 남자아이든 대부분의 아이들은 사춘기가 되면 여드름이 나. 여드름이 나는 이유도 호르몬 때문이야. 몸에서 나오는 호르몬이란 물질은 아이가 어른이 되도록 해 줘. 그런데 호르몬은 피부에 난 수없이 많은 미세한 구멍 속에서 지방이 더 많이 만들어지게 하는 역할도 한단다. 이 지방은 피부 구멍(모공)을 막아서 이따금 염증을 일으킬 때도 있어. 그 결과로 여드름이 생기는 거야. 호르몬은 몸에서 계속 만들어지기 때문에 여드름이 계속해서 평생 날 수도 있어.

93

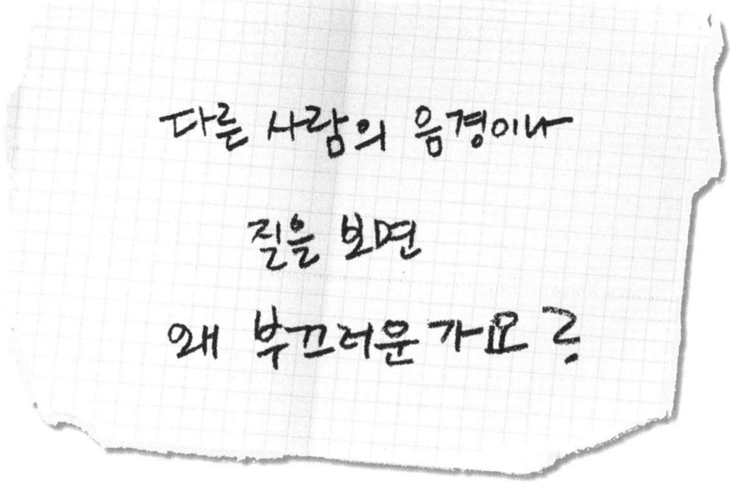

## 93 다른 사람의 음경이나 질을 보면 왜 부끄러운가요?

여름이 되면 어린아이들은 여자든 남자든 정원에서 벌거벗고 뛰어다니며 놀아. 좀 더 큰 아이들은 이런 행동을 하지 않지. 어린이들은 네 살에서 아홉 살 사이에 새로운 감정을 알게 되기 때문이야. 이때부터 부끄러움을 알고, 다른 사람들이 부끄러워하는 것도 알게 돼. 벌거벗는 것이 아주 은밀한 일이라는 걸 느끼는 거지.

집에서 가족들 앞에서는 벌거벗고 돌아다니더라도, 거리에서 쇼핑을 하는 데 벗고 다니는 사람은 아무도 없어. 부끄러움은 사실 좋은 감정이야. 네가 스스로를 보호할 수 있게 해 주거든. 어른들은 부끄러움의 기준이 각자 달라. 어떤 사람은 대중목욕탕이나 사우나에 가는 걸 좋아하고, 또 어떤 사람들은 문을 꼭 잠근 욕실에 혼자 있을 때만 옷을 벗어.

이 세상에서 나체를 받아들이는 규칙은 지역마다 다르단다. 평소에 거의 벌거벗은 채로 생활하는 게 지극히 정상인 원시 부족도 있어. 하지만 또 어떤 곳에서는 다른 사람의 맨발만 봐도 부끄러워하지.

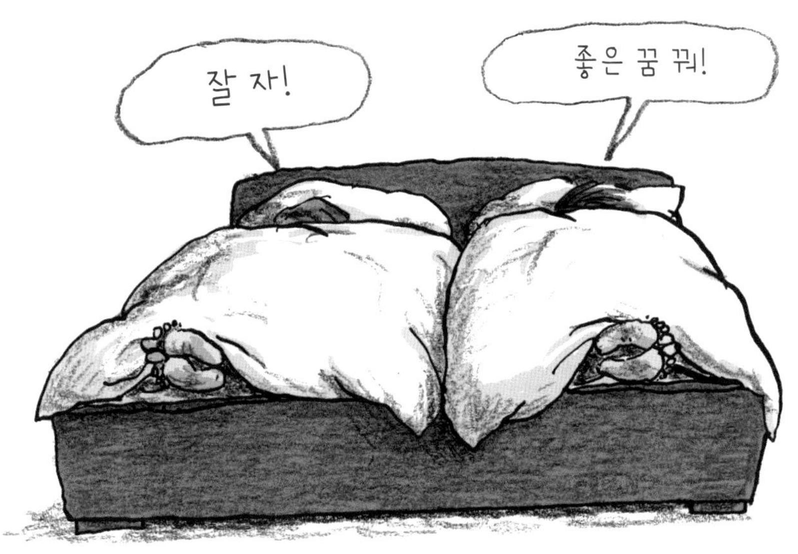


94

# 섹스를 하고 싶지 않으면 어떡해요?

## 94 섹스를 하고 싶지 않으면 어떡해요?

하지 않는 게 좋겠어! 하기 싫으면 하지 말아야 하니까. 상대방에게 하기 싫다고 말하는 것이 제일 좋아.

어른들이라고 늘 섹스를 하고 싶은 건 아니야. 가끔은 너무 피곤하거나 슬프거나 화가 나서 하고 싶지 않아. 또 그냥 하고 싶은 마음이 없을 때도 있지.

95

"사랑은 배로 온다"는 게
무슨 말이에요?

## 95 "사랑은 배로 온다"는 게 무슨 말이에요?

배와 사랑……. 이 둘은 도대체 무슨 관계가 있을까? 진짜 사랑에 빠져 본 적이 있는 사람은 사랑하면 배에서 어떤 느낌이 오는지 잘 알아. 배가 막 간질거리고, 너무 흥분해서 속이 메슥거리고, 음식을 전혀 먹지 못하기도 하는 거야. "사랑은 배로 온다"는 말은 독일 속담이야. 맛있게 요리한 음식으로 사랑을 보여 줄 수 있다는 뜻이지. 또 맛있는 음식을 먹으면 사랑을 느낄 수 있다는 뜻이기도 해. 할머니께서 네가 가장 좋아하는 음식을 요리해 주셨을 때라든가 친구들이랑 엄청나게 큰 스파게티 접시를 앞에 두고 마음껏 먹을 때 느끼는 만족감을 너도 분명히 알 거야. 사랑에 빠지는 건 바로 그런 느낌이야.

96

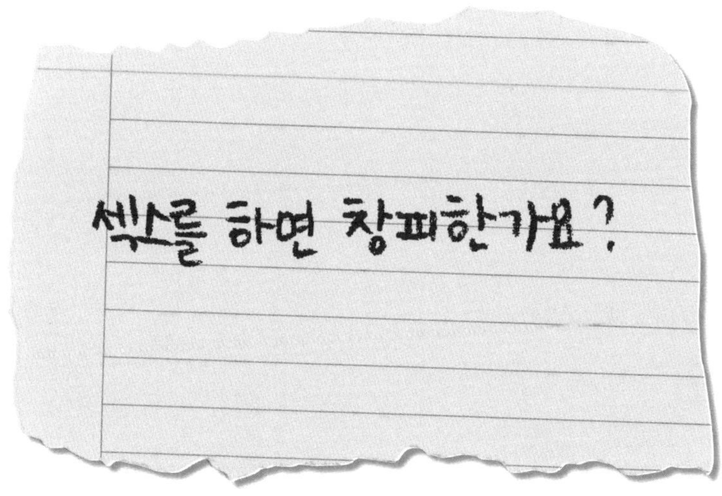

## 96 섹스를 하면 창피한가요?

두 사람이 오래전부터 알고, 서로 사랑하는 사이라면 섹스를 해도 창피하지 않은 게 보통이야. 서로 친하고, 상대방이 어떤 기분인지 알고, 어디를 어루만지면 좋아하는지 잘 아니까. 그런데도 섹스는 약간 창피하게 느껴질 때가 있어. 아마 섹스를 하면서 자신의 낯선 면이 드러나기 때문일 거야. 옷을 벗고 있고, 가끔은 땀도 많이 흘리고, 또 어떤 때는 쾌감으로 숨을 헉헉거리고, 자기 자신을 제대로 조절할 수 없으니까 말이야. 섹스를 하고 나서 멋진 농담을 몇 마디 주고받으면 좋아. 그러면 왠지 어색한 기분이 풀리거든.

97

아기는 엄마 배 속에서 뭘 먹어요? 임신을 하면 더 많이 먹어야 해요?

## 97 아기는 엄마 배 속에서 뭘 먹어요? 임신을 하면 더 많이 먹어야 해요?

엄마 배 속에 있는 아기는 스스로 음식을 먹을 수 없어. 대신에 아기에게 필요한 건 뭐든지 엄마가 공급해 준단다. 자라는 데 필요한 모든 영양소가 탯줄을 통해 아기의 작은 몸으로 직접 전해지지. 태아는 음식을 씹거나 소화할 필요 없이 그저 잘 자라기만 하면 돼. 태아가 이따금 양수를 마시기도 해. 어쨌든 엄마가 먹는 건 아기도 똑같이 먹는 거야. 그래서 임신한 여자는 가능한 한 건강한 음식을 먹도록 신경을 써야 해. 또 평소보다 좀 더 많이 먹어야 하지. 배 속의 아기가 자라려면 영양소가 아주 많이 필요하니까 말이야.

98

임신 중에 담배를 피우면
어떻게 되나요?
그럼 아기는 어떻게 돼요?

## 98 임신부가 담배를 피우면 어떻게 되나요? 아기는 어떻게 돼요?

흡연은 해로워. 임신한 엄마뿐 아니라 배 속에 있는 아기에게도 마찬가지로 해롭지. 엄마가 담배를 피우면 많은 독성 물질이 엄마의 혈관 속 피에 들어가고, 탯줄을 통해 태아에게로 전해져. 독성 물질들은 태아가 영양소와 산소를 충분히 받지 못하게 방해한단다. 그래서 태아가 잘 크지 못하게 돼. 엄마 배 속에서 흡연을 겪은 아기는 무척 작게 태어나는 경우가 흔하고, 호흡에 문제가 생기기도 하고, 어린이로 자라면서도 자주 아픈 경우도 있어. 그러니까 임신을 하면 담배를 피우지 않는 것이 가장 좋아. 물론 간접 흡연도 피해야 하고.

## 99

사춘기 때

섹스를 해도 되나요?

## 99 사춘기 때 섹스를 해도 되나요?

청소년들은 사춘기가 되면 사랑에 빠져 남자 친구나 여자 친구를 사귀곤 해. 사랑이 점점 더 커질수록 상대방과 가까이 있고 싶은 욕구도 커져. 둘이 녹아서 하나가 될 정도로 아주 가깝게 말이야. 그럴 때 비로소 섹스를 하게 돼. 그런데 섹스를 해도 되는 시기가 언제인지에 대해서는 스스로 답을 찾아보고 결정해야 해. 스스로를 책임질 수 있을 때라든가 하는 식으로 말이야. 그리고 남자 친구나 여자 친구에게도 어떻게 하고 싶은지 꼭 물어봐야 해.